Metaverse für Einsteiger: Ein vollständiger Leitfaden zum Investieren im Metaverse

ERFAHREN SIE ALLES ÜBER LANDINVESTITIONEN, NFT UND VIRTUELLE REALITÄT | 5 KRYPTO-PROJEKTE, DIE BALD EXPLOSIV WACHSEN WERDEN

Inhaltsübersicht

Einführung

Eines der aufregendsten Dinge an der Technologie ist die Art und Weise, wie sie sich weiterentwickelt. Manchmal schlägt sie eine neue Richtung ein, die alle überrascht und eine neue Realität hervorbringt. Das nächste große Ding in der Technologie wird jedoch oft Jahre, ja sogar Jahrzehnte im Voraus vorhergesagt. So wurde beispielsweise eine Version des World Wide Web, wie sie heute genutzt wird, bereits 1945 von Vannevar Bush vorhergesagt.

Bush beschrieb etwas, das er "Memex" nannte, als ein einziges Gerät, das alle erdenklichen Bücher aufnehmen kann. Mehr noch, er vermutet, dass Memex auch Aufzeichnungen und Mitteilungen speichern und miteinander verknüpfen könnte. Ein wahrer Visionär. Zu seiner Zeit hätte man ihn als "verrückt" bezeichnet, aber seine Idee war die Geburtsstunde des "Hypertextes" rund zwei Jahrzehnte später. Es dauerte weitere zwei Jahrzehnte, bis das World Wide Web, das wir heute nutzen, entwickelt wurde.

Die Streaming Wars haben zwar gerade erst begonnen, aber das Streaming von Filmen ist kein neues Konzept. Das allererste Video wurde vor etwa 25 Jahren gestreamt. Der Krieg zwischen den Streaming-Plattformen wurde schon vor vielen Jahren als Hypothese aufgestellt. Die Theorie besagt, dass das unendliche Angebot an Inhalten, die Wiedergabe auf Abruf und die Interaktivität, die dynamische und personalisierte Werbung den Wert der Zusammenstellung von Inhalten mit dem Vertrieb erhöhen werden.

Eine große Vorstellung davon zu haben, was in der Zukunft passieren könnte, und zu sehen, wie sich die Träume von Ikonen von vor vielen Jahrzehnten in unserer Gegenwart abspielen. Es beweist auch, dass diejenigen, die in unserem alltäglichen, etwas sitzenden Leben große Träume träumen, es gibt diejenigen, die großartige Träume träumen, Pläne machen und als Narren für Technologien bezeichnet werden, die die Welt in einigen Jahren revolutionieren werden. Eine grobe Skizze der Zukunft wird gerade gezeichnet.

Mehr noch, die Ideen werden vereinbart, optimiert und ständig an die Alltagsrealität angepasst. Auch die technischen Kapazitäten, die zur Verwirklichung dieser Träume erforderlich sind, werden täglich neu geschaffen. Das Seltsame ist jedoch, dass es fast unvorhersehbar ist, wie sich diese großartigen Ideen bald manifestieren werden. Diese eleganten Ideen haben die Welt bereits in der Vergangenheit geprägt.

Das sieht man an der Art und Weise, wie man heute Bücher liest. Anstatt in eine Buchhandlung zu gehen, um ein Buch zu kaufen, kann man es einfach über das Internet bestellen. Es muss nicht einmal ein physisches Buch sein; es kann auch ein E-Book sein. Sogar Bilder können jetzt digital erstellt werden, was in den 1990er Jahren noch undenkbar war. Jetzt können Sie mit einem einfachen Mausklick so viele Bilder in so vielen Beiträgen wie Sie möchten verwenden.

Man kann nie sagen, welche große Idee in der kommenden Zukunft Vorrang haben wird und welche Innovationen auf die lange Bank geschoben werden. Man kann nicht sagen, welche Wettbewerbsdynamik die Sphäre der großen Idee und die neuen Erfahrungen, die sich daraus ergeben, völlig verändern wird. Egal, wie sehr man sich bemüht, die Zukunft vorherzusagen, das Leben wird passieren und seine kleinen Wendungen hinzufügen.

Netflix kam mit seiner Streaming-Plattform auf den Markt und bestätigte allen, die sich in der Filmbranche auskennen, dass ein Wandel bevorsteht. Auch wenn die Handschrift ziemlich deutlich an der Wand zu lesen war, wurden Zeit und Ort in Frage gestellt. Die Idee war, die Zukunft langsam, nahtlos und effizient in die Filmindustrie zu integrieren. Es dauerte fast zehn Jahre, bis die Zukunft in Hollywood zur Norm wurde.

Es gibt immer noch Leute in der Medienbranche, die das grundlegende Konzept des Geldverdienens mit Videospielübertragungen und YouTube nicht verstehen. Der Gedanke, dass man Geld verdienen kann, indem man einen echten Wert kostenlos zur Verfügung stellt und für optionale Extras nur ein paar Cent verlangt, passt nicht zu ihnen. Es scheint, dass der Übergang in die vermeintliche Zukunft schwer zu begreifen ist.

Dasselbe geschah den Technologen mit dem Konzept des Personal Computers. Personalcomputer schienen aus dem Nichts aufzutauchen, und ihr Zeitpunkt war weitgehend unvorhersehbar. Diese plötzliche und unberechenbare Veränderung schoss Microsoft an die Spitze einer Branche, in der der offensichtliche Gewinner IBM zu sein schien. Obwohl Microsoft den Raum gut lesen konnte, übersah es das Kleingedruckte und schuf eine Lücke, die andere schnell füllten. Sein Unvermögen, die Bedeutung von Betriebssystemen und Hardware vollständig zu verstehen, führte zur Entwicklung von Android und iOS.

Obwohl Steve Jobs eine von Microsoft geschaffene Lücke füllte, leistete er keine gründliche Arbeit. Jobs hatte die richtige Idee zur falschen Zeit und für das falsche Gerät. Das Internet wurde in seinen Anfängen hauptsächlich für Instant Messaging und E-Mail genutzt. Man könnte meinen, es gäbe keinen Raum für Verbesserungen, bis in den späten 2000er Jahren die sozialen Netzwerke und Plattformen wie aus dem Nichts auftauchten. Können Sie sich ein Leben ohne soziale Medien vorstellen? Obwohl sie erst spät auf den Plan traten, sind die Konzepte, die zum Aufbau dieser Plattformen verwendet wurden, sagen wir mal, eine alte Wissenschaft. Alles, was für den Aufbau von Facebook erforderlich war, gab es bereits vor dem Jahr

2000, auch wenn Facebook eine zufällige Erfindung aus dem Jahr 2005 ist.

Wenn man sich heute das Internet ansieht, kann man nicht anders, als stolz auf alle zu sein und zu staunen, wie weit wir es als Volk gebracht haben. Man fragt sich auch, welche neuen und aufregenden Höhen wir für die Zukunft planen. Das nächste große Ding, das die Nachfolge des Internets antreten soll, gibt es in der Technologiegemeinschaft schon seit geraumer Zeit. Seit den späten 1970er und den frühen 1980er Jahren arbeitet die Technologiegemeinschaft, die nie stillzustehen scheint, an etwas, das die ganze Welt revolutionieren soll.

Es wird vermutet, dass es sich bei diesem zukünftigen Zustand um den Quasi-Nachfolger des Internets handelt, und er wird "Metaverse" genannt. Nachdem die Technologie die digitale Welt erobert hat, möchte sie nun ihre Tentakel in die physische Welt ausstrecken. In der physischen Welt ist die Technologiegemeinschaft bereits mit mehreren Diensten und Plattformen vertreten, aber jetzt will sie groß einsteigen.

Die Idee der Metaverse ist zwar immer noch etwas schwer zu verstehen, aber sie wird von Tag zu Tag klarer. Was wie ein Requisit aus einer dystopischen Zukunft anmutet, wird von Tag zu Tag immer zutreffender. Das Besondere an dieser Art von großen, gewaltigen, unkontrollierbaren Veränderungen ist, dass sie an Dynamik zu gewinnen scheinen und plötzlich jeden von den Sitzen reißen. Er ist unvorhersehbar, ein langwieriges Spiel und wird für alle Beteiligten ein befriedigendes Ende nehmen.

Das bedeutet, dass jeder und jedes Land die Ärmel hochgekrempelt hat und sich an die Arbeit für eine neue Zukunft macht, die so klar ist wie die Sterne am Himmel. Die Idee eines Metaverses wird von vielen Konzernen gekauft, die bereits daran arbeiten, diese Zukunft Wirklichkeit werden zu lassen. Es ist das Hauptziel von Epic Games. Es ist auch der Hauptgrund, warum Facebook Oculus VR gekauft hat. Nach dem Kauf des Unternehmens hat Facebook schon bald seine virtuelle Welt/Tagungsraum Horizon veröffentlicht. Dies ist das erste von vielen Projekten, die Facebook im Kopf hat. Zu den vielen Ideen gehören auch AR-Brillen, Brain-to-Machine-Schnittstellen und Kommunikation.

Man kann sich nur vorstellen, wie viele Milliarden Dollar in den nächsten Jahren in die Forschung, den Bau und die Experimente mit diesem großartigen Konzept fließen werden. Es heißt, dass diese hervorragende Idee unsere virtuelle Online-Offline-Zukunft neu definieren wird. Schon bald wird das Metaverse in den Büros vieler, wenn nicht aller Big Tech CEOs zu finden sein.

Es wäre 1982 unmöglich gewesen, zu erklären oder sich auch nur vorzustellen, wie das Internet im Jahr 2020 aussehen würde. Es ist auch fast unmöglich, das Metaverse vollständig zu erklären oder gar zu verstehen. Und diese Schwierigkeit empfinden diejenigen, die sich in der technologischen Welt gut auskennen. Stellen Sie sich vor, wie viel Kopfzerbrechen das für Muggel, den Durchschnittsmenschen, bedeuten würde.

Die großartigsten Ideen, mit denen man sich ein Bild machen kann, stammen aus der Science-Fiction. In diesen Geschichten stellt man sich das Metaverse als eine Art digitales "eingebautes" Internet vor. Es wird oft als eine alternative Realität zur physischen Welt dargestellt. Wenn sie Metaverse hören, denken viele Menschen an die Filme Ready Player One und The Matrix. Es ist nicht auszuschließen, dass das Metaverse genau so aussehen wird, aber es wird auch nur eine Facette davon sein.

Als das Internet aufkam und E-Mails verschickt werden konnten, dachten viele, es ginge nicht besser. Der gleiche Gedanke wurde geäußert, als das Faxgerät erfunden wurde. Das Gleiche wurde gesagt, als die Menschen Ferngespräche führen konnten. Derselbe Gedanke schwang mit, als die Plattformen der sozialen Medien aufkamen. Wir können uns alle vorstellen, dass genau diese Worte "besser geht's nicht" auch bei der Einführung des Metaverse zu hören sein werden.

Die gegenwärtigen Vorstellungen des Metaverse sind ebenso begrenzt wie die Darstellung des Internets in Tron als eine digitale "Datenautobahn", die nur aus Bits besteht. Das Internet ist, wie wir alle wissen, viel mehr als das. In diesem Sinne sollten wir uns alle vor Augen halten, dass das Metaverse viel mehr sein wird als das, was wir derzeit denken.

Das Metaverse wird eine digitale Welt sein, die Teile aus verschiedenen anderen Welten aufnimmt, um eine allumfassende Welt zu schaffen. Soziale Medien, Online-Spiele, virtuelle Realität, Augmented Reality, Kryptowährung und sogar die physische Welt werden zusammenkommen, um das Metaverse zu schaffen. Augmented Reality nutzt visuelle Elemente, Töne und andere Sinneseindrücke, um das ultimative Benutzererlebnis zu bieten. Die virtuelle Realität hingegen nutzt komplette virtuelle und fiktive Realitäten.

Das Metaverse wird wachsen und Online-Räume schaffen, in denen die Nutzer auf mehrdimensionalen Ebenen interagieren, als es die derzeitige Technologie unterstützt. Anstatt nur digitale Inhalte zu betrachten, werden die Nutzer des Metaverse vollständig in den physischen und digitalen Raum eintauchen.

Wir können zwar nicht genau beschreiben, was das Metaverse ist, aber es gibt einige Merkmale, die für die Erfindung, die bald unser Leben verändern wird, zutreffend sind. Das Metaverse wird sein:

- Beharrlich sein: Derzeitige Vorstellungen gehen davon aus, dass das Metaverse keinen Grund zum Zurücksetzen, Pausieren oder Beenden haben wird. Es wird angenommen, dass es unaufhörlich weiterlaufen wird.

- Live und synchron sein: Vorgeplante Ereignisse werden weiterhin so ablaufen, wie sie es im gegenwärtigen Klima tun. Das Metaverse wird jedoch weiterhin eine lebendige Erfahrung dessen sein, was in der physischen Welt für jeden geschieht, während es geschieht.

- Sei eine voll funktionsfähige Wirtschaft: Das Metaverse wird die Art und Weise, wie Einzelpersonen und Unternehmen ihre Geschäfte führen, auf den Kopf stellen. Mit dem Quasi-Nachfolger wird es einfacher werden, etwas zu erschaffen, zu besitzen, zu investieren, zu verkaufen und für eine breite Palette von Arbeiten belohnt zu werden, die einen Wert schaffen, der von anderen gesehen und anerkannt wird.

- Eine Erfahrung sein: Das Metaverse soll ein Erlebnis sein, das die digitale und die physische Welt vollständig einbezieht. Es nutzt sowohl private als auch öffentliche Netzwerke, offene und geschlossene Plattformen, um eine einzigartige Erfahrung für alle zu schaffen.

- Bieten Sie beispiellose Interoperabilität: Mit dem Metaverse können Sie Daten, digitale Objekte, Assets, Inhalte usw. problemlos von einer Plattform zur anderen nutzen. So können Sie ein Objekt wie eine Waffe oder ein Auto von einem Videospiel in einem anderen verwenden.

Es handelt sich hierbei lediglich um eine Vorstellung davon, was das Metaverse tun wird, auch wenn nicht über alle vermuteten Rollen Einigkeit herrscht. Es gibt mehrere Bedenken darüber, ob die Nutzer einen einzigen Avatar oder eine digitale Identität für alle Plattformen oder einen anderen Avatar für jedes Forum haben werden.

Das Wort "Metaverse" hat sich irgendwann im Oktober 2021 aus der Tech-Community in den allgemeinen Sprachgebrauch geschlichen. Der Begriff stand im Zusammenhang mit dem Rebranding, das Facebook derzeit durchführt. Der Name "Metaverse" tauchte zum ersten Mal in dem Roman "Snow Crash" aus dem Jahr 1992 auf. Das Buch wurde von Neal Stephenson geschrieben, der immer wieder betonte, er habe sich nur etwas ausgedacht, um einen guten Roman zu schreiben. Sein Buch war so gut und inspirierend, dass sich die Tech-Gemeinschaft anscheinend einige seiner Ideen und Beschreibungen zu Herzen genommen hat. Sie haben dann daran gearbeitet, die Zukunft zu schaffen, die einst die Idee eines Schriftstellers war, der an die Realität dachte.

Die Idee des Metaverse ist in der heutigen Welt bereits in geringem Umfang vorhanden. Man kann seine Existenz in irgendeiner Form in der Spielewelt wie "Animal Crossing" und "Roblox" sehen. Es gibt auch Verbindungen zwischen dem Metaverse und dem dezentralen digitalen Vermögenswert namens Blockchain. Das Metaverse erlangte die Aufmerksamkeit der Öffentlichkeit dank der Ankündigung von Mark Zuckerberg, dem CEO von Facebook, dass er plant, sich in ein Metaverse-Unternehmen zu verwandeln.

Laut Zuckerberg, als er sein Unternehmen neu ausrichtete, wird das Metaverse eine Plattform schaffen, auf der man so ziemlich alles tun kann, was man sich vorstellen kann, vom Arbeiten über das Lernen, Spielen und Bauen bis hin zum virtuellen Zusammensein mit seinen Freunden. Es wird Ihnen die Möglichkeit bieten, neue Erfahrungen zu machen, die Ihre Telefone und Computer nicht bieten können. Es gibt Ihnen die Möglichkeit, sich von einem Ort zum anderen zu teleportieren, ohne dass Sie vor die Tür gehen müssen.

Der Ausbruch der Pandemie führte zu einer massiven Veränderung der Art und Weise, wie Menschen miteinander umgehen und Geschäfte machen. Viele Menschen, Unternehmen und Plattformen sind online, um auf einer digitalen Plattform zu existieren. Auch die anderen massiven Ereignisse, die während der Pandemie auftraten, verdeutlichten das Bedürfnis, den harten Realitäten gelegentlich zu entfliehen.

Die Pandemie hat die Notwendigkeit und Bedeutung des Metaverse deutlich gemacht. Es verspricht eine Welt, in der man in einem Klassenzimmer lernen kann, ohne das Haus zu verlassen oder sich und seine Mitschüler auf ein Quadrat auf einem Bildschirm zu reduzieren. Es ermöglicht eine einfachere und reibungslosere Kommunikation zwischen Kollegen. Mit Metaverse müssen Sie Ihr Lieblingskonzert mit Ihren Freunden nicht mehr verpassen, und das alles bequem von Ihrem Zimmer aus.

Dieses Buch befasst sich ausführlich mit dem Metaverse und erklärt, warum es ein großartiges Projekt ist, in das man in den kommenden Jahren investieren sollte. Wir werden auch unsere Top 5 Metaverse-Projekte erwähnen und warum Sie in sie investieren sollten. Lesen Sie weiter, um herauszufinden, was die Zukunft für Sie bereithält!

WARNUNG!

Dieses Buch ist keine Finanzberatung, und die Konzepte in diesem Buch sollen auch keine Finanzanalyse ersetzen. Bevor Sie eine geschäftliche Entscheidung treffen, stellen Sie bitte Nachforschungen an. Ich danke Ihnen!

Kapitel 1: Worum geht es im Metaverse?

Stellen Sie sich eine Welt vor, in der Sie virtuell bei einer Hochzeit in San Francisco dabei sein können, während Sie in Moskau eine Tasse Kaffee trinken? Oder eine Gesellschaft, in der die Interaktion mit anderen Menschen nicht nur auf verschwommene Videoanrufe und fehlerhafte Computerdienste beschränkt ist.

Das sind die Dinge, die das Metaverse, die nächste Generation des Webs, tun will. Aber was genau ist dieses Metaverse? Was unterscheidet es vom Rest des Internets?

Ein Metaverse ist ein Ort, an dem Sie mit virtuellen Objekten in Echtzeit und mit Echtzeitinformationen interagieren können. In Filmen und Serien wie Iron Man, Ready Player One, Upload und The Feed haben Sie wahrscheinlich schon gesehen, wie dieses Konzept in die Praxis umgesetzt wird.

Das Metaverse besteht aus drei verschiedenen Komponenten. In erster Linie handelt es sich um eine Technologie, mit der digitale Inhalte über die reale Umgebung gelegt werden können. In gewisser Weise ist dies wie Augmented Reality (AR). Anhand des einfachen

Beispiels Pokémon Go kann diese Technologie in künftigen Iterationen eines Metaverses verbessert werden. Es ist eine Mischung aus digitalen und realen Dingen. Außerdem wird ein Hardware-Gerät verwendet, um die natürliche Umgebung interaktiv zu machen. Mithilfe von digitalem Material können die Nutzer die online angezeigten Medien manipulieren und mit ihnen interagieren. Der letzte Punkt umfasst Informationen über alles Mögliche in der realen Welt (z. B. ein Gebiet, ein Geschäft oder ein Produkt) sowie Informationen über den Benutzer (z. B. seinen Fahrplan). Diese Daten werden über das Internet gesammelt, und die Maschinen werden darauf trainiert, die Gewohnheiten der Nutzer zu erkennen. Es gibt viele Beispiele für Geräte, die aus den täglichen Gewohnheiten ihrer Nutzer lernen, wie Siri (iOS) und Alexa (Android) (auf Amazon).

Die Erfahrung des Nutzers wird verbessert, indem Echtzeitinformationen sofort und virtuell über das Gerät in den physischen Raum übertragen werden. Gleichzeitig werden die Daten im Hintergrund gesammelt und verarbeitet.

Um das Metaverse besser zu verstehen, kann man die Merkmale der realen Welt auf eine vollständig virtuelle Umgebung übertragen. In einer Metaverse-Umgebung werden Elemente der realen Welt in eine virtuelle Welt integriert. Ein virtuelles London oder New York zum Beispiel kann Spielern, die in einer virtuellen Spielumgebung spielen, digitale Repräsentationen realer Straßen und Gebäude bieten. In einem virtuellen Apple-Store können Sie sich digitale Darstellungen von Apple-Produkten ansehen und kaufen, die dann zu Ihnen nach Hause geliefert werden.

Dies würde in vielerlei Hinsicht eine Fortsetzung dessen darstellen, was wir derzeit als traditionellen elektronischen Handel kennen. Unternehmen können Metawelten erschaffen, die nicht nur das reale Erlebnis duplizieren, sondern es auch verbessern, dank der Fortschritte in der visuellen Technologie und den Designfähigkeiten, die durch hochentwickelte Spiel-Engines wie Unreal oder Unity ermöglicht werden. Bei der Markteinführung des digitalen Gegenstücks zum Apple Store in Manhattan wird es vielleicht keine Menschenmassen geben.

Das Konzept, reale Umgebungen in einer virtuellen Welt zu simulieren, ist nicht neu. Mit Konzepten wie Second Life wird es schon lange praktiziert. Andererseits hat sich das Metaverse mit den heutigen Online-Spielen von den altmodischen blockbasierten 3D-Welten der Jahrhundertwende zu neuen, sich ständig weiterentwickelnden kreativen Ökosystemen entwickelt.

Von Nutzern erstellte Inhalte sind der entscheidende Unterschied zwischen den Metaversen von früher und heute. Das Spielen von Online-Spielen wie Fortnite, Roblox und Minecraft hat unsere Vorstellung davon verändert, was es bedeutet, "online" zu sein. Wenn

Eltern sich fragen, warum ihre Kinder so viel Zeit in diesen Metawelten verbringen, liegt das nicht daran, dass die Spiele oder Gegenstände gut gestaltet sind.

Stattdessen argumentieren sie, dass die Metaversen an und für sich so fesselnd und gut gestaltet sind. Die Menschen beteiligen sich, erschaffen etwas und amüsieren sich gegenseitig, anstatt sich zurückzulehnen und anderen zuzusehen. In Minecraft werden Menschen dafür bezahlt, virtuelle Waren herzustellen, und es sind ganze Mini-Industrien um sie herum entstanden. Fortnite ist eine virtuelle Bühne, auf der Musikkünstler aus der realen Welt ihre Talente präsentieren können. Jedes Jahr nehmen zig Millionen Menschen an Aktivitäten teil, die nur im Metaverse stattfinden können.

Wie wird das Metaverse funktionieren?

Um eine Verbindung mit dem Metaverse herzustellen, wird man mit ziemlicher Sicherheit ein Gerät benutzen müssen. Diese Brillen, eine mit einer Kamera ausgestattete Kopfhalterung oder andere innovative Erfindungen sind allesamt Möglichkeiten. Obwohl sie nicht erforderlich sind, um am Metaverse teilzunehmen, können diese Geräte das Erlebnis zweifellos verbessern. Die Benutzer werden mit virtuellen Objekten im realen Leben interagieren, indem sie ein Gerät "tragen", in das alle Komponenten integriert sind.

Um diese Idee in die Praxis umzusetzen, stellen Sie sich vor, Sie wachen jeden Tag auf, setzen Ihre Metaversenbrille auf und betreten das Metaverse.

Glauben Sie, das ist alles nur Science-Fiction? Nein, ganz und gar nicht.

Die Google Glass-Brille wurde ursprünglich für diesen Zweck entwickelt. Sie werden in der Lage sein, virtuelle Informationen zu beobachten und mit ihnen zu interagieren, während Sie die Straße entlanggehen.

Es besteht die Möglichkeit, dass Sie zu Fuß zum Bahnhof gehen, und eine virtuelle Benachrichtigung informiert Sie über erhebliche Zugverspätungen. Danach haben Sie die Möglichkeit, eine schnellere Route zu wählen, z. B. mit öffentlichen Verkehrsmitteln oder Fahrgemeinschaften.

Dies ist nur ein vorläufiges Beispiel dafür, wie das Metaverse im wirklichen Leben funktionieren kann. Und wenn Sie immer noch daran zweifeln, dass dies geschieht, denken Sie noch einmal nach. Die Revolution hat bereits begonnen.

Virtuelle Gegenstände werden vor Ihnen in der realen Welt in Echtzeit präsentiert, und Sie können mit ihnen interagieren. Stellen Sie sich vor, Sie wären Tony Stark.

Mit Hilfe Ihrer künstlichen Intelligenz (KI) können Sie die Informationen, die Sie suchen, in der realen Welt virtuell finden und sehen. Sie können dann die angezeigten Dinge ansehen, anklicken oder anderweitig mit ihnen interagieren.

Die Mobiltechnologie hat es den Menschen bereits ermöglicht, in einer erweiterten Realität zu leben, so nervtötend das auch klingen mag. Ihr Gerät kennt Ihren Standort und Ihre Zeit. Seit es das Internet gibt, ist die Integration der realen Welt mit der virtuellen Welt ein kontinuierlicher Prozess. Die Hauptfunktion des Metaverse besteht darin, eine Möglichkeit zu bieten, sich von der Realität der realen Welt zu distanzieren. Abenteuer und alternative Leben sind in Fortnite für diejenigen möglich, die dies wünschen. Diese eskapistische Weltanschauung hat sich in den letzten Jahren durch die Einbeziehung von Komponenten aus dem wirklichen Leben erheblich gewandelt. Würden Sie sich gerne einen Film auf Roblox ansehen? Du spielst Grand Theft Auto und würdest gerne ein paar Turnschuhe kaufen. Auf TikTok sehen Sie sich vielleicht den letzten Live-Auftritt einer K-Pop-Band an. Da sich Handel und Engagement online und in virtuelle Welten verlagern, wird das Metaverse durch diese Konvergenz von virtuellem und realem Leben angeheizt. Wie kann das Metaverse kommerziell genutzt werden, und wer wird davon profitieren? Mit anderen Worten: Die Einführung des

Metaverse wird unser Leben für immer verändern. Jede Branche hat Potenzial für Metaverse-Anwendungen.

Die Möglichkeiten, die das Metaverse eröffnen wird, sind endlos, von verbraucherorientierten Bereichen wie dem Einzelhandel bis hin zu Fertigung und Bauwesen und darüber hinaus.

Es ist möglich, blitzschnell Einkäufe zu tätigen. Sie müssen Ihr Smartphone nicht einmal berühren, um ein Produkt zu sehen, wenn Sie es in einem Geschäft oder im Metaverse sehen. Über ein einziges Konto können die Kunden Produkte kaufen und Preise vergleichen. Dank der verbesserten Konnektivität können Unternehmen ihre Produkte überall auf der Welt verkaufen, unabhängig davon, wo sich ihre Einzelhandelsstandorte befinden.

Dank dieser neuen Technologie werden Unternehmen und Prominente ein viel breiteres Publikum erreichen und leichter zusammenarbeiten können. In Zukunft werden die Kunden direkt mit den Marken kommunizieren können. Richtig eingesetzt, könnte dies einen hervorragenden kommerziellen Einfluss haben. Marken und Prominente werden mehr Aufmerksamkeit erhalten. Es könnte sogar einen Markt für virtuelle Immobilien im Metaverse geben. Nicht-fungible Token und andere digitale Produkte und Immobilien werden in Zukunft mehr Aufmerksamkeit erhalten (NFTs). Da sie keiner Abnutzung unterliegen, sind Gegenstände, die gehandelt werden können, wertvoller. Die Spieler können sich in Zukunft auf immersivere und vernetzte Spielwelten freuen. Ein in einem Spiel erworbener Skin oder Gegenstand kann in einem anderen Spiel verwendet oder gegen einen anderen Gegenstand getauscht werden. Da das virtuelle Kino private Filmvorführungen mit Freunden ermöglicht, wird sich auch die soziale Erfahrung verändern. Viele Unternehmen, darunter der Journalismus, die sozialen Medien, die Technologiebranche und der Einzelhandel, werden neue Methoden zur Geldbeschaffung finden. Gleichzeitig werden sich die Menschen in Zukunft online treffen, arbeiten und angenehmer miteinander umgehen. Geistiges Eigentum wird bei kreativen Tätigkeiten eine wichtige Rolle spielen. Aufgrund der besseren Zugänglichkeit werden Informationen, Produkte, Unterhaltung und soziale Erfahrungen den Verbrauchern wahrscheinlich am meisten vom Metaverse profitieren. Der Technologiemarkt wird von Hardware- und Softwareunternehmen dominiert werden. Die Bereitstellung von Hard- und Software für das Metaverse wird voraussichtlich erheblich zunehmen. Unternehmen werden in der Lage sein, ihre virtuellen Welten aufzubauen. Das bedeutet, dass mehr Menschen Marken und Berühmtheiten sehen und hören werden. In dem Maße, wie sich die Technologie verbessert, steigt auch das Potenzial, den Kunden relevantere kommerzielle Angebote und Erfahrungen zu bieten.

Das Recht und die Regeln im Metaverse sind noch im Wandel begriffen. Daher wird auch eine rechtliche Beratung erforderlich sein. In dem Maße, wie die virtuelle und die reale Welt miteinander verschmelzen, besteht ein enormer Bedarf an Unterstützung in den Bereichen Datenschutz, Privatsphäre, Werberegeln und Sicherung des geistigen Eigentums von Unternehmen. In den kommenden Jahren werden Anwälte und Gesetzgeber mit der Frage konfrontiert sein, wie sie sicherstellen können, dass die Gesetze der realen Welt angemessen in die virtuelle Welt übertragen werden. Das Metaverse wird von wem aufgebaut? Die Spieleindustrie ist eines der besten Beispiele dafür, wie das Metaverse heute in der Wirtschaft genutzt werden kann. Wir können sehen, wie das Metaverse die Art und Weise, wie Menschen mit digitalen und realen Welten interagieren, durch Spiele wie Fortnite und Roblox verändern kann. Folglich stehen viele der größten Namen der Spieleindustrie auch an der Spitze der technologischen Innovation und des Wachstums in diesem Sektor. Nehmen Sie zum Beispiel das Spiel Roblox. Die Spieleschmiede, die im März 2021 an die Börse ging, hat in ihrem Börsenprospekt ihre Ambitionen für das Unternehmen und die Einführung des Metaverse teilweise dargelegt. Das Ziel von Roblox ist eine allgegenwärtige Plattform für das menschliche Miterleben, da die Rechenleistung, die Internetverbindungen mit hoher Bandbreite und die Technologien für die menschliche Schnittstelle weiter zunehmen (und sogar eine auf der Währung Robux basierende

Wirtschaft aufbauen). Die Gründer von Second Life, Linden Labs, haben ebenfalls eine eigene Währung entwickelt und hatten zu einem bestimmten Zeitpunkt ein größeres BIP als einige kleine Länder.

In dieser Situation ist die Benutzererfahrung nur ein Faktor. Aus der Vorsilbe "meta" (für jenseits) und dem Wortstamm "verse" wird das Wort "Metaverse" (für das Universum) gebildet. Kritiker sind der Meinung, dass mehrere kritische Merkmale vorhanden sein müssen, damit das Metaverse sein volles Potenzial entfalten kann, darunter:

1. Persistenz
2. Die Fähigkeit, live und synchron Erfahrungen zu vermitteln
3. Interoperabilität
4. Wertschöpfung.

Es wird erwartet, dass viele Interessengruppen (Einzelpersonen, kommerzielle Unternehmen und Regierungen) an der Schaffung und dem Betrieb des Metaverse beteiligt sein werden. Dies ist sinnvoll. Die Entwicklung einer Gemeinschaft von Interessenvertretern im Metaverse ist, wie beim derzeitigen Internet, für neue Technologien, Unternehmen, Dienste, Inhaltsersteller, Normen und Protokolle, Rechtsvorschriften und mehr erforderlich.

Das Augmented-Reality-Headset HoloLens von Microsoft und der kürzliche Kauf von Oculus VR durch Facebook sowie die beträchtlichen Investitionen von Unity in die Technologie des digitalen Zwillings deuten darauf hin, dass viele der derzeitigen Giganten der Technologiebranche, wie Microsoft, Facebook und Unity, mit ziemlicher Sicherheit eine wichtige Rolle bei der Entwicklung des Metaverse spielen werden.

In der Zukunft des Metaverse gibt es keinen Konsens darüber, wie es funktionieren wird, wer es entwickeln wird oder wer es "besitzen" wird (wenn überhaupt).

Es besteht jedoch ein breiter Konsens darüber, dass sie existieren und nicht länger als Hirngespinst betrachtet werden wird.

Was auch immer in Zukunft geschehen wird, eines ist klar:

Das Metaverse wird sich im Laufe der Zeit schrittweise erweitern, wenn sich die Fähigkeiten weiterentwickeln und Synergien gebildet werden.

Kapitel 2: Das Metaverse und die virtuelle Realität

Wenn man etwas über das Metaverse liest, kommt man nicht umhin zu bemerken, wie sehr es der virtuellen Realität ähnelt. Es gibt jedoch einige entscheidende Unterschiede.

Hier sind einige wichtige Unterschiede zwischen virtueller Realität und dem Metaverse, die Sie kennen sollten, wenn Sie mehr wissen wollen.

Im Gegensatz zur virtuellen Realität ist das Metaverse nicht klar definiert

Auch wenn die virtuelle Realität gut verstanden wird, ist das Metaverse immer noch ein kleines Rätsel.

Zuckerberg, der CEO von Facebook, beschreibt das Metaverse als "ein verkörpertes Internet, in dem man sich die Inhalte nicht nur ansieht, sondern in ihnen steckt".

Zuckerberg, der CEO von Facebook, beschreibt das Metaverse als "ein verkörpertes Internet, in dem man die Inhalte nicht nur anschaut, sondern in ihnen ist". Im Gegensatz dazu nennt Microsoft es "eine permanente digitale Umgebung, die von digitalen Zwillingen von Menschen, Orten und Objekten bevölkert wird. ".

Wenn wir diese Beschreibungen mit dem vergleichen, was wir über die virtuelle Realität wissen, sind sie unglaublich mehrdeutig. Eine andere Möglichkeit ist, dass niemand eine endgültige Definition hat, nicht einmal die IT-Unternehmen.

Für Facebook war das Rebranding ein wesentlicher Aspekt der Schaffung eines "Metaverse". Um ihre Arbeit besser widerzuspiegeln, haben sie sich einen neuen Namen ausgedacht. Dies ist jedoch keineswegs die einzige denkbare Erklärung. Facebook hat ein Problem mit der Öffentlichkeitsarbeit.

Man könnte argumentieren, dass das Metaverse einfach ein Euphemismus für neue technologische Fortschritte in der aktuellen Internet-Infrastruktur ist.

Facebook ist nicht Eigentümer der Technologien, die es zur Kommunikation mit seinen Nutzern verwendet

Ein weiteres Dilemma, das im Zusammenhang mit dem Metaverse auftreten könnte, ist die Frage, wer es definieren kann.

Oculus Rift ist im Besitz von Facebook, was einen großen Einfluss auf die virtuelle Realität hat. Aber es gibt mehrere Akteure in der Branche, und sie sind nur einer davon.

Das Metaverse ist nicht anders. Viele weitere Unternehmen arbeiten an dieser Umbenennung von Facebook in Meta mit. Microsoft Mesh ist ein aktuelles Beispiel für die Mixed-Reality-Plattform von Microsoft, die mit dem Metaverse und seinen vielen Bedeutungen vergleichbar ist. Wie eine kürzlich abgegebene Erklärung von Facebook verdeutlicht, sehen sie sich selbst als Beitrag zum Metaverse, anstatt es von Grund auf neu zu schaffen.

Das bedeutet, dass das Metaverse viel größer sein wird, als es ein Unternehmen bewältigen kann, wie die virtuelle Realität.

Es gibt eine gemeinsame virtuelle Welt im Metaverse

Die Nutzer werden sich über das Internet mit dem Metaverse, einem gemeinsamen virtuellen Bereich, verbinden. Es sei darauf hingewiesen, dass diese Funktion bereits in VR-Headsets eingebaut ist.

Die virtuelle Welt des Metaverse klingt sehr nach den bestehenden Virtual-Reality-Programmen.

Persönliche Avatare werden verwendet, um sich in virtuellen Umgebungen zu identifizieren und zu engagieren. NFTs zum Beispiel werden von den Nutzern gekauft oder gebaut werden können.

Andererseits klingt Metaverse so, als ob es im Gegensatz zu den bestehenden virtuellen Welten Zugang zum gesamten Internet haben wird.

Virtuelle Realität ermöglicht den Zugang zum Metaverse

Sie werden kein VR-Headset benötigen, um das Metaverse zu erleben. Viele Teile des Dienstes werden voraussichtlich über Headsets verfügbar sein.

Aus diesem Grund wird die Grenze zwischen dem Surfen im Internet und der Nutzung der virtuellen Realität wahrscheinlich immer unschärfer. In Zukunft könnten Virtual-Reality-Headsets (VR) für Aufgaben genutzt werden, die derzeit mit Smartphones erledigt werden.

VR könnte weniger zu einem Nischenprodukt werden, wenn Facebooks Metaverse so populär wird wie erwartet.

VR wird nicht das einzige Mittel für den Zugang zum Metaverse sein

Wie im vorigen Absatz erwähnt, wird das Metaverse jedoch nicht auf die virtuelle Realität beschränkt sein. Es wird auch über Augmented-Reality-Geräte und jedes andere Gerät, mit dem Sie heute auf das Internet zugreifen, zugänglich sein.

In Verbindung mit der virtuellen Realität ergeben sich daraus eine Vielzahl neuer Möglichkeiten. Zum Beispiel kann das Metaverse mit Hilfe von Augmented Reality in die reale Welt gebracht werden.

Darüber hinaus werden virtuelle Welten geschaffen, die von jedem Ort aus ohne Headset zugänglich sind.

Das Metaverse hat das Potenzial, viel größer zu sein als die virtuelle Welt der virtuellen Realität

Bildung, Gesundheitswesen und Sport sind nur einige der Anwendungsbereiche der virtuellen Realität. Sie wird jedoch immer noch als eine Form der Unterhaltung angesehen.

Vom Umfang her klingt das Metaverse eher wie eine neue und verbesserte Version des Internets. Im Gegensatz zur virtuellen Realität, die von vielen Menschen völlig ignoriert wird, soll das

Metaverse die Art und Weise revolutionieren, wie Menschen arbeiten, soziale Medien nutzen und sogar im Internet surfen.

Wird das Internet durch das Metaverse abgelöst?

Die Menschen hatten gehofft, dass die virtuelle Realität einen größeren Einfluss auf die Welt haben würde, als es bisher der Fall ist. Viele Menschen sind nicht bereit, ein Headset über einen längeren Zeitraum zu benutzen.

Virtual-Reality-Headsets sind für den Zugang zum Metaverse nicht erforderlich, das sowohl für Personen mit als auch für Personen ohne Headset zugänglich sein wird. Einige Leute glauben daher, dass es einen wesentlich größeren Einfluss haben wird.

Andererseits wird das Metaverse das Internet wahrscheinlich nicht vollständig ersetzen. Eine Alternative zum Computerbildschirm bieten Virtual-Reality-Headsets. Wenn Sie des Internets überdrüssig sind, kann das Metaverse eine unterhaltsame Abwechslung sein. Beide sind jedoch nicht als Ersatz gedacht.

Kapitel 3: Metaverse und NFT-Videospiel

Es gibt viele Präzedenzfälle dafür, wie das Metaverse im Bereich der Videospiele aussehen wird.

Die Spiele der Zukunft könnten anders aussehen und sich anders anfühlen. Im Grunde genommen wird es aber wahrscheinlich ähnlich sein wie die Art und Weise, wie Spieler heute in die Welt und die Atmosphäre eines Spiels eintauchen. Was wird also anders sein? Der Hauptunterschied liegt in der Monetarisierung.

Was wird also anders sein? Die NFTs werden im Metaverse auf alles angewandt, was tokenisiert werden kann, einschließlich der Vermögenswerte im Spiel.

Der Glücksspielsektor ist ein bevorzugtes Ziel für den "Ausstattungseffekt" von NFTs.

Spieleentwickler und -verleger nutzen seit langem den Wunsch der Spieler, zusätzliche Fähigkeiten, Funktionen und Werte zu erwerben, um ihre Spiele zu verkaufen. Diese Strategie hat sich in der Vergangenheit bewährt.

Die Spieler können jedoch frustriert sein, wenn sie feststellen, dass ihre "Käufe" nur so lange gelten, wie sie das Spiel spielen, in dem sie sie "gekauft" haben.

Ihre schillernden virtuellen Objekte verschwinden, wenn Sie ein neues Spiel beginnen. NFTs werden als Lösung für das Problem angesehen, dass Spieler glauben, sie seien "Eigentümer" ihrer Vermögenswerte im Spiel, indem sie diese an andere verkaufen und von einem Spiel auf ein anderes übertragen können.

Tokenisierte Börsen für Spielwerte sind verfügbar. Der Irrglaube, dass ein digitaler Vermögenswert mithilfe von NFTs in ein handelbares Gut umgewandelt werden kann, muss ausgeräumt werden. Ob ein Vermögenswert im Spiel an einen anderen Spieler verkauft werden kann, hängt davon ab, ob der Herausgeber des Spiels die Idee der Handelbarkeit unterstützt und die dafür erforderliche Infrastruktur im Spiel eingerichtet hat.

Theoretisch muss ein Spielehersteller, der den Handel mit Vermögenswerten im Spiel ermöglicht, seine Vermögenswerte nicht auf der Blockchain tokenisieren, um dies zu tun.

Nur weil etwas komplizierter ist, heißt das nicht unbedingt, dass es besser ist. Außerdem könnten die Spieleverleger jeden Verkauf in Auftrag geben und ihre Vermögenswerte weiterhin zu Geld machen, wenn auch unter einem neuen Gesichtspunkt, wenn sie ihre spielinternen Marktplätze kontrollieren.

Diese spielinterne Lösung würde sich deutlich an das angleichen, was passiert, wenn Spieler im Spiel Vermögenswerte "kaufen" und "verkaufen".

Wie im Abschnitt "NFTs" dargelegt, können Spielinhalte nicht unabhängig von ihrem geistigen Eigentum verkauft werden, und Spieleverlage verkaufen ihr geistiges Eigentum nicht leichtfertig.

 Zu den Vermögenswerten im Spiel gehören auch Lizenzen, nicht Verkäufe, wie wir bereits bei den nicht-finanziellen Transaktionen in der Kunst sagten. Wie in den Allgemeinen Geschäftsbedingungen des Spiels erläutert, gewähren sie Ihnen für einen bestimmten Zeitraum und in einem bestimmten Kontext Zugang zu dem Objekt.

Werden Ingame-Assets aufgrund dieser Entscheidung niemals auf NFT-Marktplätzen gehandelt werden?

Wahrscheinlich nicht. Die NFT-Spiele lösen derzeit einen großen Hype aus. Dennoch ist Vorsicht geboten, denn Lizenzen sind schwieriger zu verkaufen als Eigentumsrechte.

Dies könnte zum Niedergang von NFT-Spielen führen, da sie keinen Wert haben.

Ein Paradebeispiel für Gegenstände, die irgendwann auf dem NFT-Marktplatz des Metaverse-Gaming gehandelt werden, sind tragbare Spielgegenstände.

Es wäre zum Beispiel fantastisch, wenn man sein aufgestuftes seltenes Schwert von einem Spiel zum nächsten benutzen könnte.

Können NFTs dies Wirklichkeit werden lassen?

Auch hier steckt mehr dahinter, als man auf den ersten Blick sieht. Anders als in der realen Welt können Sie Ihre Klinge nicht einfach einpacken und mit ihr auf Reisen gehen. Wenn das Schwert nicht in deinem Hostspiel ist, kannst du es auch nicht benutzen, um die Köpfe deiner Feinde abzuschlagen. Welchen Sinn hat es, ein "fremdes" Wort zu erfinden, wenn der Verlag bereits einige sehr gute Wörter zur Verfügung hat, die Sie in seiner Spielwelt verwenden können? Man kann ein Schwert, das für ein Videospiel entwickelt wurde, nicht anders verwenden. Nichts ist sicherer, solange sich die beiden Unternehmen nicht darauf einigen, die Portabilität zu ermöglichen. Es besteht kaum ein Zweifel daran, dass die Unternehmen auf die starke Nachfrage der Spieler reagieren werden. Wir glauben jedoch, dass Spielinhalte (einschließlich der Spielfiguren) auf absehbare Zeit nur zwischen Spielen übertragen werden können, die von ein und demselben Unternehmen entwickelt wurden. Man darf nicht vergessen, dass die meisten Spieler sich einen Dreck um die rechtlichen Folgen ihrer Käufe scheren, wenn sie Spaß am Spiel haben können.

Nach dem Ausstattungseffekt wird die Kluft zwischen dem, was Spiele ausmacht, und dem, was die Menschen glauben, dass sie es sind, zweifellos immer größer werden.

Dies ist eine Voraussetzung dafür, dass das Metaverse eine brauchbare Alternative zur realen Welt sein kann; es sollte ihr sehr ähnlich sein.

Die Aussicht auf ein Metaverse stützt sich stark auf fortschrittliche Technologie.

Glücklicherweise müssen die Unternehmen nicht so viel Geld für die Infrastruktur ausgeben.

Die Fortschritte in der Prozessor- und Grafiktechnologie werden seit Jahren von der boomenden Videospielbranche vorangetrieben. Heute kommen wir fotorealistischen Spielerlebnissen immer näher. Es ist nur eine Frage der Zeit, bis Fragen des geistigen Eigentums und der Lizenzierung in den Mittelpunkt der Spieleindustrie rücken. Es führt kein Weg an den inhärenten Grenzen dieses Ansatzes vorbei, wenn er auf eine Vorstellung von Interoperabilität angewandt wird, die von Videospielen als Prototyp für das Metaverse vorgegeben wird.

Probleme mit NFT und der damit verbundenen Tokenisierung sind leichter zu bewältigen als solche, die mit der zugrunde liegenden Infrastruktur des Metaverses zusammenhängen, zumindest in bestimmter Hinsicht. Warum sollten wir davon ausgehen, dass das Metaverse wie ein einziger Planet aussieht, auf dem jeder auf all diese Arten miteinander in Verbindung treten und interagieren kann: lieben, hassen, kämpfen, sich versöhnen, ausbeuten und heilen?

Mehrere Metaversen, die zumindest nach Plattformkonfigurationen, vielleicht aber auch nach Inhalten, Genres und Veröffentlichungsrechten getrennt sind, sind aufgrund des geistigen Eigentums und der zugehörigen Lizenz wesentlich wahrscheinlicher.

Das finanzielle Motiv, das das technologische Wachstum angekurbelt hat, ist die Errichtung von Barrieren zwischen konkurrierenden Welten. Das Paradigma des Metaverse als Videospiel deutet auf die Beschränkungen hin, die in die Infrastruktur eingebaut sind, die die virtuelle Welt schaffen würde. Ein Metaverse, das Gerichtsbarkeiten und Plattformen überspannt, kann existieren. Dennoch wird es an Gesetzen zum geistigen Eigentum, Kartellgesetzen, Datenschutzbestimmungen und dem kapitalistischen Ethos scheitern, das die Videospielindustrie seit Jahrzehnten antreibt. Was den Stromverbrauch angeht, so wird die Infrastruktur des Metaverses erneut Bedenken hinsichtlich der Energiemenge aufwerfen, die für den Betrieb der CPUs und Grafikchips benötigt wird.

Videospiele und die Unternehmen, die die Infrastruktur zur Unterstützung künftiger Spielgenerationen und vielleicht sogar eines Metaverse aufbauen, können als hilfreiche Wegweiser dienen. Nachhaltigkeit und Energieeinsparung werden wesentliche Unterscheidungsmerkmale für Unternehmen sein, die um Marktanteile bei Videospielen und Plattformen kämpfen. Wer Videospiele immersiver gestalten will, muss umweltbewusst sein (sowohl im Hinblick auf den Energieverbrauch als auch auf nachhaltige Baumaterialien).

Die Spieleentwickler müssen über umweltfreundliche Alternativen nachdenken, anstatt einfach nur einen noch größeren und gefräßigeren Appetit auf die Ressourcen der Erde zu entwickeln.

Dies ist besonders wichtig, da sich die öffentliche Meinung in Richtung eines gemeinsamen Ziels zur Erhaltung unseres Planeten zu bewegen scheint.

Metaverse Gaming und Gesetze

Bescheidenheit hat ihre Grenzen, wenn es um die Natur des Menschen geht. Online-Videospiele und die Plattformen, die sie beherbergen und vermarkten, lehren uns eine weitere wichtige

Lektion: Wenn sie unkontrolliert bleiben, können sie zu gefährlichen Umgebungen verkommen.

Länder rund um den Globus haben bereits begonnen, das Metaverse-Spielsystem zu regulieren.

Die Änderungen der EU-Richtlinie 2010/13/EU zielen beispielsweise darauf ab, die Regulierung nichtlinearer Dienste an die Beschränkungen des linearen Fernsehens anzugleichen, um Minderjährige und schädliche Inhalte zu schützen, und enthalten spezielle Anforderungen an Video-Sharing-Plattformen (VSP), um Minderjährige vor schädlichen Inhalten zu schützen.

Auch andere europäische Länder beginnen, das Internet stärker zu regulieren.

Kinder (unter 18 Jahren) stehen im Mittelpunkt des neuen ICO-Kodex für altersgerechtes Design im Vereinigten Königreich, der im September 2021 in Kraft tritt.

Der Kodex empfiehlt bestimmte Standardeinstellungen für Dienste, die für Kinder interessant sein könnten, einschließlich der Berücksichtigung des Kindeswohls bei der Gestaltung der Datenverarbeitung in Diensten.

Ein neues deutsches Gesetz, das Jugendschutzgesetz (JuSchG), das am 1. Mai 2021 in Kraft getreten ist, soll Kinder und Jugendliche vor Schäden durch Medienkonsum schützen und sicherstellen, dass Medien nur entsprechend der geltenden Alterseinstufung verbreitet oder zugänglich gemacht werden.

Zu den verschiedenen Arten von Medien und anderen Veröffentlichungen, die in diese Kategorie fallen, gehören unmoralische und gewalttätige Inhalte, die detaillierte Darstellung von Gewalttaten, Mord und Massakern sowie die Empfehlung des "Gesetzes des Dschungels", um "Gerechtigkeit" zu erlangen..'

Auch die französische Regierung hat mehrere Gesetze erlassen, die das Online-Verhalten regeln.

Ein Beispiel dafür ist der Gesetzesentwurf zur Reform des französischen audiovisuellen Sektors, der die Zusammenlegung des Conseil Supérieur de l'Audiovisuel (CSA) und der Haute Autorité pour la Diffusion des Oeuvres et la Protection des Droits sur Internet (HADOPI) zu einer einzigen Einrichtung vorsieht.

Zu den vielen neuen Befugnissen, die dieser neuen "Super-Regulierungsbehörde", die als Regulierungsbehörde für audiovisuelle und digitale Kommunikation (ARCOM) bezeichnet wird, zugestanden werden, gehört die Möglichkeit, Online-

Plattformen zu regulieren, schädliche Inhalte im Internet zu bekämpfen und den Kampf gegen Piraterie zu verbessern.

Es ist ungewiss, ob Regierungen die Mäßigung, die sie jetzt in Videospielen praktizieren, im Metaverse erfolgreich kontrollieren und fördern können. In der realen Welt ist es jedoch möglich.

Wenn der Begriff "Plattform" nebulös wird, welche Haftung könnte dann einem Entwickler auferlegt werden, der auf seinen Plattformen keine Anforderungen zur Vermeidung von Online-Schäden einführt?

Müssten die Regulierungsbehörden mit der Öffentlichkeit in der virtuellen Welt interagieren, wie Agent Smith in The Matrix?

Diese Fragen werden sich in den kommenden Jahren klären, da das Metaverse kontinuierlich weiterentwickelt wird. Begeisterte Fans und Anhänger des Konzepts können nur abwarten.

Kapitel 4: Metaverse und Musik

Im Vergleich zu anderen Branchen hat der Musiksektor historisch gesehen immer als erster auf neue Internet-Erfindungen reagiert.

Es ist allgemein bekannt, dass die Musikindustrie in den ersten Tagen der Internet-Entwicklung erheblich gestört und bis zur Unkenntlichkeit verändert wurde.

Infolge der COVID-19-Epidemie war die Musikindustrie, insbesondere die Künstler, gezwungen, neue Wege zu finden, um mit ihrem Publikum in Kontakt zu treten.

Infolgedessen begannen sie, im Internet aufzutreten.

Um fair zu sein: Online-Streaming ist kein neues Konzept. Bands wie die Rolling Stones haben dies bereits 1995 getan. Das Streaming von Musik ist sogar das gesamte Marktmodell von Unternehmen wie Spotify.

Der Musikkonsum im Metaverse unterscheidet sich jedoch in mehreren wichtigen Punkten vom typischen "normalen" Live-Streaming oder sogar vom Abonnement-Streaming.

Im Folgenden werden die Unterschiede aufgeführt.

Die Möglichkeit, einen virtuellen Veranstaltungsort zu schaffen oder dort aufzutreten

Verwendung eines Avatars oder einer anderen visuellen Darstellung des Künstlers, manchmal gemischt mit einer authentischen Videodarstellung des Künstlers.

Neue Produktionsmöglichkeiten, wie z. B. die Manipulation der virtuellen Umgebung und die Kombination der digitalen visuellen Produktion mit der Musikproduktion des Künstlers

Die Möglichkeit, mit dem Publikum in Echtzeit zu interagieren

Der Auftritt von Travis Scott in Fortnite war wahrscheinlich das eindrucksvollste und kommerziell erfolgreichste Beispiel für diese revolutionäre musikalische Kunstform der letzten Jahre.

Der Auftritt von Travis Scott in Fortnite war wahrscheinlich das eindrucksvollste und kommerziell erfolgreichste Beispiel für diese revolutionäre musikalische Kunstform der letzten Jahre.

Diese Veranstaltung hat viel Aufmerksamkeit und Interesse auf sich gezogen.

Neben virtuellen Veranstaltungen und NFTs ist ein weiterer Metaverse-Trend, der sich auf die Musikindustrie ausgewirkt hat, das Aufkommen virtueller "Künstler".

Der Gedanke, einem virtuellen Künstler zuzuhören, der von einer künstlichen Intelligenz geschaffen wurde und keine echte Persönlichkeit hat, mag viele ernsthafte Musikliebhaber abschrecken.

Trotzdem ist es unbestritten, dass solche Musiker bei jungen Menschen, die mit dem Internet aufgewachsen sind, großen Zulauf haben. Der Rapper FN Meka, der als "Roboter-Rapper, der für seinen extravaganten Stil und seine Hypebeast-Ästhetik bekannt ist", beschrieben wurde, ist ein hervorragendes Beispiel dafür.

Dies mag zwar wie ein frivoles, leicht futuristisches Stück Unterhaltung erscheinen, aber es basiert auf einem Fundament ernsthafter kommerzieller Möglichkeiten. Während er dieses Buch schreibt, hat der virtuelle Rapper über 9 Millionen Follower auf der Video-Sharing-App TikTok.

Zum Vergleich: Chance the Rapper, der manchmal als "einer der neuen Superstar-Rapper" bezeichnet wird, hatte weniger als 2 Millionen TikTok-Follower, als er dieses Buch schrieb.

Diese beiden Vorfälle werfen die Frage auf:

Ist das Metaverse eine Quelle der Chance oder eine Quelle der Gefahr für die Musik?

Für die Musikindustrie kann das Metaverse sowohl Chancen als auch Gefahren mit sich bringen, wie die beiden oben dargestellten Fälle zeigen. Künstlerische Karrieren sind gefährdet, wenn sie sich auf veraltete Methoden stützen, die in der heutigen Welt modernster Produktions- und Konsummethoden und Verbrauchererfahrungen nicht mehr relevant sind. Nehmen wir zum Beispiel an, dass Sie nur die Rechte besitzen und über Abonnement-Streaming-Kanäle Geld verdienen. In diesem Fall werden Sie nicht genug Geld verdienen, um Ihre Investitionen in diese Methoden zu rechtfertigen. Sie werden schnell zur Massenware und automatisiert.

Die Geschäftsmöglichkeiten sind praktisch grenzenlos für diejenigen, die bereit sind, die Grenzen zu überschreiten und alle verfügbaren Technologien für Interaktion und Kreativität zu nutzen. Im Vergleich zu Online-Metaverse-Auftritten können selbst die ausgedehntesten Arena-Tourneen nicht annähernd die sofortige, einmalige globale Menschenmenge anziehen, die der Künstler mit einem Online-Metaverse-Live-Auftritt anziehen kann.

Die COVID-19-Pandemie, die dazu geführt hat, dass sich die ganze Welt zur Unterhaltung ins Internet verlagert hat, hat der Musikindustrie gezeigt, dass es auf absehbare Zeit kostenpflichtige, gut produzierte und überzeugende Live-Übertragungen geben wird. Es ist vorstellbar, dass die wichtigsten Konzerte und Festivals, die in der realen Welt stattfinden, in Zukunft eine Online-Komponente haben werden, die engagierter, eleganter und transaktionsorientierter ist. Aus diesem Grund wird das Metaverse in der Musik auf absehbare Zeit weiter existieren.

Aus diesem Grund wird das Metaverse in der Musik auf absehbare Zeit weiter existieren.

Welche rechtlichen Folgen hat es, wenn Musik im Metaverse abgespielt wird?

Wenn Musik online erzeugt, gespielt, gestreamt und verwertet wird, ist die Klärung von Rechten der wichtigste Aspekt, wie in allen Bereichen der Musikindustrie. Die meisten rechtlichen und lizenzrechtlichen Standardbestimmungen für die Online-Nutzung gelten auch im Metaverse, mit einigen Ausnahmen. Die Aufführung und Verwertung von Musik in neuen, geschlossenen oder sogar offenen Online-Umgebungen fügt jedoch eine weitere potenzielle Komplexitätsebene zu einer bereits komplexen Kette von Rechten im Musiklizenzierungsprozess hinzu.

So kann beispielsweise ein Anbieter digitaler Musikdienste (wie Spotify) ein live gestreamtes Konzert auf einer weltweiten

Spielkonsolenplattform (wie der Sony PlayStation) bewerben und organisieren.

Dieses Konzert könnte in der Turnierpause stattfinden und von einem führenden Spieleverlag (z. B. Electronic Arts) vermarktet werden, der während der Turnierpause mit einer bekannten Marke (z. B. Adidas) zusammenarbeiten könnte.

Diejenigen, die daran interessiert sind, müssen registrierte Nutzer der Spieleplattform sein und Eintrittskarten für den eSports-Wettbewerb erworben haben. Obwohl das live gestreamte Konzert für eine begrenzte Anzahl von Superfans zugänglich wäre, die durch den Kauf eines originalen NFT-Tokens des Hauptkünstlers an einer Verlosung teilnehmen, wäre der Auftritt nur für die breite Öffentlichkeit zugänglich (z. B. Drake).

Zu den Hauptpreisen können die Teilnahme an der virtuellen Live-Veranstaltung und ein digitales Produkt gehören.

Die Zweitplatzierten könnten sich das Konzert später immer noch auf Abruf ansehen, auch wenn sie den Nervenkitzel einer Live-Show verpassen würden. Das Netz der vertraglichen Verpflichtungen, die ausgehandelt werden müssen, und die zu berücksichtigenden Fragen der Rechteklärung sind, wie das obige Beispiel zeigt, den Problemen nicht unähnlich, mit denen Anwälte in der realen Welt konfrontiert werden können, wenn sie mit ihren Mandanten zu tun haben. Die

Halbzeitshow für den NFL Super Bowl ist in der Musikindustrie als eine sehr prestigeträchtige, aber anspruchsvolle Produktion und Freigabe bekannt, die viel Planung und Koordination erfordert. In vielerlei Hinsicht kann die Komplexität, die mit der Freigabe von Musik für das Metaverse verbunden ist, jedoch wesentlich höher sein als die Komplexität, die mit der Freigabe von Musik für die physische Welt verbunden ist.

Daher muss jeder, der die Musik eines anderen im Metaverse nutzen möchte, sicherstellen, dass die Bedingungen, unter denen er eine Lizenz erhält, mit dem Ort, an dem sie genutzt wird, vereinbar sind. Während dies vom Konzept her einfach zu sein scheint, wird eine wirklich globale virtuelle Umgebung je nach Gerichtsbarkeit auf unterschiedliche Weise geregelt. Zensur- und Inhaltsstandards, die sich auf einen Live-Auftritt eines Top-10-Rap-Künstlers in den Vereinigten Staaten auswirken, werden sich drastisch von denen unterscheiden, die für einen ähnlichen Auftritt in Indonesien, Dubai oder Hongkong gelten. Die politischen Überzeugungen der Künstler werden häufig auf der Bühne zum Ausdruck gebracht.

Diese Situationen sind im wirklichen Leben leichter zu bewältigen. Dennoch sind sie der Stoff, aus dem die Alpträume der Teams für die Einhaltung von Rechtsvorschriften bei großen Plattformen sind, die häufig mit der Aufrechterhaltung positiver Beziehungen zu lokalen Regierungen weltweit beauftragt sind.

Wer ist für die Löschung der Berechtigungen verantwortlich?

Es kann behauptet werden, dass die Kunden daran gewöhnt sind, dass die Plattformen selbst für die Musiklizenzen aufkommen, zumindest wenn es um Live-Auftritte oder das Engagement in der Öffentlichkeit in den Medien geht. Twitch, Facebook, YouTube, TikTok und PlayStation sind Online-Dienste, die von Pauschalvereinbarungen mit Musikrechteinhabern, Verwertungsgesellschaften und anderen Online-Diensten profitieren.

Zumindest können sich die Verbraucher bei der Verwendung von Musik in dem von ihnen genutzten Kontext sicherer fühlen, auch wenn in den Nutzungsbedingungen solcher Websites eindeutig festgelegt ist, dass die Musiklizenzierung allein dem Hochladenden obliegt. Wenn jedoch Musik in einem Echtzeit-Gaming-Metaverse oder in einer sozialen Umgebung gemacht, geteilt und genossen werden kann, wird die Situation komplexer und komplizierter.

Durch die bloße Erstellung eines Mems kann nun jeder Nutzer sofort ein völlig neues musikalisches Werk kontrollieren, verändern und produzieren, das das Potenzial hat, sich zu verbreiten. Diese Werkzeuge sind öffentlich zugänglich und haben das Potenzial, weit verbreitete Verwüstung anzurichten.

Die Video-Sharing-App TikTok ist zweifellos eine unverzichtbare Plattform für die Entdeckung und Förderung neuer Musik beim Schreiben. Dennoch bestimmen die Nutzer mehr denn je, ob ein Song erfolgreich sein wird. Aufgrund der viralen Kapazität von nutzergenerierten Mashups und Mehrfachsynchronisationen bieten sich Anwälten, die Künstler, Labels, Verlage und sogar die Plattformen selbst beraten, nahezu unbegrenzte Möglichkeiten für innovative Lizenzlösungen, streitige Auseinandersetzungen und profitable Transaktionsmöglichkeiten.

Während die Plattform dafür verantwortlich ist, angemessene Versuche zu unternehmen, um Lizenzen für die von den Nutzern eingestellten Inhalte zu erhalten, kann sie nicht für die Lizenzierung von Urheberrechten an Inhalten haftbar gemacht werden, die von kommerziellen Betreibern auf die Plattform gebracht werden (um es ganz offen zu sagen). Wenden wir dies auf die Welt der Musik an. In diesem Fall stellt sich sofort die Frage, ob ein Musiker als "professioneller Nutzer" einzustufen ist.

So unterschiedliche Künstler wie Ava Max, BTS, Marshmello und Kaskade sind bereits durch grafische Darstellungen in Online-Spielumgebungen aufgetreten. Gleichzeitig ermöglichen innovative Virtual-Reality-Dienste wie MelodyVR (jetzt als "Napster" der nächsten Generation bezeichnet) und Oculus von Facebook den

Nutzern, Konzerte in Echtzeit in einem Virtual-Reality-Format zu erleben.

Es gibt zwar kein Patentrezept für die Sicherung von Rechten für diese Art von Veranstaltungen, aber es gibt einige Faktoren, die zu berücksichtigen sind:

- Die Person, die den Auftrag ausführt
- Der rechtliche Rahmen, in dem die Aufnahme- und Leistungsschutzrechte des Künstlers kontrolliert werden; die Lieder oder Werke werden in die Aufführung einbezogen.

Es ist wichtig, Folgendes zu verstehen:

- Enthaltene Produktionskomponenten (z. B. Choreografie, die früher nur den sorgfältigsten Fachleuten für die Klärung von Produktionsrechten vorbehalten war, kann im Metaverse ein totales Minenfeld sein)
- Der virtuelle Motor, der die Produktion antreibt oder untermauert.

Dazu gehören auch die kreativen Beiträge von digitalen Künstlern und anderen virtuellen Teilnehmern.

Musik machen im Metaverse

Neue Musik im Metaverse zu machen, wird eine lohnende Erfahrung sein.

Es versteht sich von selbst, dass, wenn die Menschen beginnen, sich im Metaverse aufzuhalten, ihr Image zu projizieren und ihre Zeit dort zu verbringen, der nächste logische Schritt für sie der Übergang vom realen Aufnahmestudio zur virtuellen kreativen Umgebung ist. Es gibt zahlreiche Beispiele dafür, dass dies in der Welt bereits geschieht. Derzeit gibt es eine Vielzahl von Virtual-Reality-Headsets und -Controllern, die es den Benutzern ermöglichen, mit grafischen Oberflächen zu interagieren, die Musikinstrumente simulieren. Die Luftgitarre verwandelt sich in eine echte Gitarre - Rock Band VR steht in den Startlöchern.

In diesem digitalen Zeitalter ist es nun möglich, online eine Band zu gründen und sich von einem kahlköpfigen "Papa" mittleren Alters in einen üppig frisierten, sonnengebräunten, geschmeidigen Rockhelden zu verwandeln, der seine Fantasie vom Gitarrenspiel vor großen Menschenmengen auslebt. Auf einer praktischeren Ebene enthalten Metaverse-Umgebungen wie Minecraft, Roblox und Fortnite Songcodes, Instrumente, Aufnahmemöglichkeiten und Steuerelemente für die Bearbeitung von Musik, die es den Spielern ermöglichen, sich musikalisch auszudrücken. Während die überwiegende Mehrheit dieser Aktivitäten zu Original-Urheberrechten führt, die nur einen geringen oder gar keinen finanziellen Wert haben, haben die Nutzer unzählige Möglichkeiten, unwissentlich kommerzielle Musik oder Vermögenswerte zu verletzen, was zu rechtlichen Schritten führen könnte.

Möchten Sie mit Ihren virtuellen Freunden im Metaverse ein paar Frank Sinatra-Crooner in einem Electric Jazz Modern Remix hören?

Das ist kein Problem.

In dem Maße, wie die Mischung aus innovativer Technologie, Menschen und Verbindungen voranschreitet, nimmt natürlich auch die Komplexität der rechtlichen Herausforderungen zu. Musik ist bereits jetzt einer der verworrensten, komplexesten und abweichendsten Aspekte des Unterhaltungsrechts, und dies ist erst der Anfang. Die Verbreitung und Ausbreitung von Musik im Metaverse stellt in der Tat neue Herausforderungen dar. Sie bietet jedoch auch enorme Möglichkeiten für Anwälte, innovativ zu sein und ihre Mandanten zu unterstützen - nicht nur bei der Navigation durch die bestehenden Rahmenbedingungen, sondern auch bei der Entwicklung neuer Modelle und Methoden zur Verwertung von Urheberrechten, die zur Schaffung zusätzlicher Einnahmen und Werte für die Branche sowie für die Plattformen, die in das Metaverse selbst investieren, beitragen.

Kapitel 5: Metaverse und künstliche Intelligenz

In den letzten Jahren haben Programme mit künstlicher Intelligenz (KI) die Fähigkeit erlangt, sich intelligent zu verhalten und Musik, Kunst und andere Formen origineller kreativer Leistungen zu produzieren.

Vor drei Jahren versteigerte Christie's ein von einer künstlichen Intelligenz erstelltes Porträt von Edmond de Belamy für 432.500 Dollar.

Das SONY CSL Research Lab hat außerdem ein System der künstlichen Intelligenz namens Flow Machines entwickelt.

Dieses KI-Programm kann neue Musik komponieren, die u. a. auf den Beatles oder Bach basiert. Das Metaverse, ob es sich nun um eine Erweiterung der realen Welt oder um eine beliebige Anzahl computergenerierter Welten handelt, umfasst zwangsläufig eine darüber liegende Schicht mit unvorstellbar großen "Datenmengen".

Ein Merkmal dieser Daten ist, dass eine Person oder Einrichtung, die eine als "Metaverse" bezeichnete Umgebung schafft und kontrolliert, diese Daten erzeugt und verbreitet.

Im Gegensatz zur physischen Welt ist das Metaverse jedoch vollständig künstlich. Wenn ein digitaler Baum oder eine digitale Wolke nicht zu ihrem Schöpfer im Metaverse "gehört", wird sie im Metaverse nicht existieren. Wir können davon ausgehen, dass praktisch alles im Metaverse - vom Aussehen unserer Avatare über die Kleidung, die wir tragen, bis hin zu den Fahrzeugen, die wir fahren - das geistige Eigentum von jemandem sein wird. Künstliche Intelligenz (KI) nutzt Technologien des maschinellen Lernens, um riesige Datenmengen zu untersuchen, zu verarbeiten und zu analysieren, um Anwendungsregeln zu entwickeln, die als Algorithmen bezeichnet werden. Die Untersuchung neuer Datenquellen und die Beobachtung des eigenen Datenoutputs ermöglichen es der maschinellen Lernsoftware, sich selbst zu verbessern, nachdem sie "kontinuierlich trainiert" wurde. In den letzten Jahren hat sich ein neuer Zweig der künstlichen Intelligenz herausgebildet, der Computersysteme umfasst, die versuchen, die Funktion des menschlichen Gehirns bei der Auswertung und Verarbeitung von Informationen nachzuahmen. Diese Systeme werden als künstliche neuronale Netze bezeichnet. Sie umfassen auch die Kopplung von Computernetzwerken in generativen adversarischen Netzwerken, in denen die Computer voneinander lernen. In den letzten Jahren sind mehrere Debatten über den enormen Datenverbrauch von KI-Maschinen und ihre Kunst entbrannt. Ist es möglich, dass künstliche Intelligenz riesige Datenbanken mit urheberrechtlich geschützten Werken durchforstet und dann mithilfe des maschinellen Lernens Originalwerke "erschafft", ohne die Rechte Dritter zu verletzen? Sind die von der künstlichen Intelligenz geschaffenen Ergebnisse durch die Gesetze zum Schutz des geistigen Eigentums geschützt? Maschinelles Lernen und faire Nutzung sind zwei wichtige Konzepte, die es zu verstehen gilt. Bei ihrer endlosen Suche nach Inhalten, deren Verdauung und Zusammenstellung konsumieren KI-Suchmaschinen unbeabsichtigt urheberrechtlich geschützte Elemente wie Musikvideos, Lieder, Romane und Nachrichtenberichte, während sie das World Wide Web durchforsten. Die Rechtmäßigkeit dieser Verarbeitung, die in der Regel ohne die Genehmigung des Urheberrechtsinhabers erfolgt, hängt davon ab, ob sie unter eine genehmigte Ausnahme vom Urheberrecht fällt oder darüber hinausgeht.

Die "Fair Use"-Ausnahme des Urheberrechts in den Vereinigten Staaten ist die am häufigsten angeführte. Wie in Abschnitt 107 des Urheberrechtsgesetzes definiert, wird die "faire Nutzung" durch die Berücksichtigung der folgenden vier Faktoren bestimmt:

1. Zweck und Art der Nutzung.

2. Die Art des urheberrechtlich geschützten Werks.

3. Die Menge und die Wesentlichkeit des verwendeten Teils im Verhältnis zum Ganzen.

4. Die Auswirkungen der Nutzung auf den potenziellen Markt für das urheberrechtlich geschützte Werk oder dessen Wert.

Gemäß Abschnitt 107 ist es ausdrücklich erlaubt, ein urheberrechtlich geschütztes Werk zu Lehr-, Studien- oder Forschungszwecken zu nutzen. Die faire Nutzung wird durch viele Faktoren bestimmt: ob die Nutzung "transformativ" ist, wie von den Gerichten bestimmt. Ein heftig diskutiertes Thema, das Auswirkungen auf die Zukunft des Rechts des geistigen Eigentums haben wird, ist die Frage, ob maschinelles Lernen von urheberrechtlich geschützten Informationen als "faire Nutzung" gilt.

Die Zukunft der künstlichen Intelligenz im Metaverse hängt von der Auslegung der Urheberrechtsgesetze ab.

Ein gutes Szenario ist Thomson Reuters und West Publishing Corp. gegen Ross Intelligence, Inc. Die Anwaltskanzlei verklagte das IT-Unternehmen mit der Behauptung, es habe maschinelles Lernen eingesetzt, um eine juristische Rechercheplattform für Ross unter Verwendung der Westlaw-Datenbank zu erstellen.

Wird dies erlaubt sein? Wird die faire Nutzung das maschinelle Lernen schützen?

Ein Gericht hat kürzlich entschieden, dass das Einscannen von mehr als 20 Millionen Büchern, von denen viele dem Urheberrecht unterliegen, durch Google Books eine "nicht-expressive" und transformative faire Nutzung der Texte darstellt. Begründet wurde diese Entscheidung damit, dass die Nutzer dadurch Informationen über urheberrechtlich geschützte Bücher und nicht die in den Büchern selbst enthaltenen Inhalte finden konnten.

Ein Schutz kann möglich sein, wenn es sich bei der Nutzung urheberrechtlich geschützter Inhalte um eine "nicht-expressive" faire Nutzung handelt, im Gegensatz zu einer "expressiven" Nutzung.

Die maschinelle Verarbeitung von urheberrechtlich geschütztem Material kann zulässig sein, wenn die beim maschinellen Lernen eingesetzte künstliche Intelligenz (KI) nicht "zu anspruchsvoll" ist. Natürlich hat die künstliche Intelligenz Fortschritte gemacht, die weit über Google Books hinausgehen. Die KI kann nun lernen, wie Autoren ihre Ideen kommunizieren und dann ihren kreativen Output generieren. Dieses ausdrucksstarke maschinelle Lernen kann wiederum den Markt für von Menschen geschriebene Werke schädigen.

Dieses ausdrucksstarke maschinelle Lernen kann wiederum den Markt für von Menschen geschriebene Werke schädigen. Da KI Ergebnisse produzieren kann, die dem menschlichen Ausdruck und der Personalisierung ähneln, kann die Verwendung urheberrechtlich geschützter Werke für das maschinelle Lernen zu Urheberrechtsverletzungen führen, insbesondere wenn vor der Verwendung dieser Werke nicht die Erlaubnis der Eigentümer dieser Werke eingeholt wurde.

Metaverse-Inhalte werden für das Training künstlicher Intelligenz verwendet. Dieses Szenario des "geistigen Eigentums überall" wird sich wahrscheinlich darauf auswirken, wie wir in Zukunft auf die im Metaverse erstellten Daten zugreifen und sie wiederverwenden. Künstliche Intelligenz (KI) und maschinelles Lernen (ML) sind hervorragende Beispiele für Technologien, deren Funktionsfähigkeit in einem Szenario des "geistigen Eigentums überall" behindert werden könnte, da sie auf die Aufnahme großer Datenmengen angewiesen sind.

Daten und Informationen, die zum Trainieren eines Modells des maschinellen Lernens verwendet werden, können in Zukunft Einschränkungen unterworfen sein. Nicht alle Informationen sind "geschützt" oder "im Besitz" - so ist es z. B. unwahrscheinlich, dass sich der Schutz auf historische meteorologische Daten, den Grad der Luftverschmutzung, die Struktur von Wolken oder den Klang von Vogelstimmen erstreckt, um nur einige zu nennen. Jedes Vogelgezwitscher im Metaverse ist wahrscheinlich das Werk eines Computers, das von einem Menschen geschaffen wurde, und kann daher geschützt werden (z. B. kann der Code, der zum Schreiben des Liedes verwendet wurde, geschützt sein, oder ein Mensch schreibt das Lied selbst). Dies könnte zu neuen und spannenden rechtlichen Konflikten führen.

In einer Welt, in der "geistiges Eigentum allgegenwärtig ist", würde beispielsweise die Verwendung nahezu jeder Art von Informationen in einem maschinellen Lernsystem mit ziemlicher Sicherheit als eingeschränktes Verhalten betrachtet werden, für das eine Genehmigung erforderlich wäre.

So sollte beispielsweise das bloße "Lesen" von Material nicht als eingeschränkte Handlung im Sinne des Urheberrechts angesehen werden. Das Kopieren oder Vervielfältigen - das in der realen Welt eines maschinellen Lernsystems wahrscheinlich vorkommt - ist jedoch mit ziemlicher Sicherheit eine solche Handlung, es sei denn, es wird nachgewiesen, dass eine einschlägige urheberrechtliche Ausnahme gilt, wie z. B. die Doktrin der fairen Nutzung in den Vereinigten Staaten, bemerkenswerte Ausnahmen für maschinelles Lernen in Ländern wie Japan oder das begrenztere (und sehr wettbewerbsorientierte) Konzept des fairen Umgangs im Vereinigten Königreich.

Die Anwendbarkeit fragmentierter und diversifizierter nationaler Systeme zum Schutz des geistigen Eigentums auf das "internationale" maschinelle Lernen und den Vertrieb von Ergebnissen wird mindestens so schwierig sein, wie es sich bereits im Zusammenhang mit dem traditionellen Vertrieb von Inhalten über das Internet gezeigt hat. Dieses Muster der territorialen Arbitrage, das die Entwicklung des Internets gekennzeichnet hat, wird zweifellos im Metaverse wieder auftauchen; es ist fast schon wahrscheinlich.

Ist die von der KI erzeugte Ausgabe verletzend? Selbst wenn die Erstellung des maschinellen KI-Lernmodells an sich nicht rechtswidrig ist, kann die von einem KI-System, das auf eine bestimmte Art von Daten trainiert wurde, erzeugte Ausgabe, wenn sie im Wesentlichen ähnlich ist, ein nicht genehmigtes "abgeleitetes Werk" sein, das das Urheberrecht an den bereits vorhandenen Werken verletzt. So haben beispielsweise Unternehmen wie Jukedeck, das von ByteDance aufgekauft und vom Markt genommen wurde, maschinelles Lernen auf Musikaufnahmen angewandt, um Algorithmen zu entwickeln, die wiederum neue Musik erzeugen. Da Unternehmen wie Jukedeck in der Lage sind, automatisierte Musik zu erzeugen, die dem Markt für von Menschen komponierte Musik (z. B. Produktionsmusik, die typischerweise in Film und Fernsehen verwendet wird) schaden würde, werden diese kreativen Ergebnisse mit Sicherheit einer genaueren Prüfung unterzogen.

Schützen Rechte an geistigem Eigentum KI-generierte Inhalte? Im Metaverse werden Erfindungen der künstlichen Intelligenz (KI) mit ziemlicher Sicherheit einen bedeutenden Teil der Umgebung ausmachen - manchmal buchstäblich, wie im Fall der Azure-gesteuerten Standortmodelle und Karten, die vom Microsoft Flight Simulator generiert werden.

Die Frage des Eigentums und der Rechte an den Ergebnissen von Systemen der künstlichen Intelligenz wirft eine eigene Reihe von Fragen auf. Das Urheberrecht an schöpferischen Werken (und folglich deren "Eigentum" und Schutz) sind Voraussetzungen für die Existenz des Urheberrechts an schöpferischen Werken (und folglich für deren Schutz und "Eigentum" nach internationalem Recht). Diese Grundsätze geraten ins Wanken, wenn die Verbindung zwischen einem menschlichen Urheber und dem kreativen Werk unterbrochen wird - am bekanntesten im Fall des "Affen-Selfies", bei dem ein von einem Affen aufgenommenes Bild als nicht urheberrechtlich geschützt angesehen wurde.

Durch künstliche Intelligenz erzeugte Werke (die je nach den Umständen von Werken unterschieden werden können, die mit Hilfe von KI geschaffen wurden) stellen Normen in Frage, die ausschließlich die menschliche Urheberschaft an urheberrechtlich geschützten Werken berücksichtigen. Selbst die einzigartige Bestimmung des Vereinigten Königreichs für "computergenerierte Werke", nach der die Person, "die die für die Schaffung des Werks erforderlichen Vorkehrungen trifft", als Urheber gilt, bestätigt die

Bedeutung der Identifizierung eines Menschen und nicht eines Computers als Urheber einer "Schöpfung".

Darüber hinaus werden die traditionellen Gründe für den Urheberrechtsschutz, wie die Belohnung für die Schaffung von Werken oder die Wahrung der natürlichen Rechte der Urheber, unwirksam, wenn der Schöpfer ein Computer ist, der keinen Anreiz benötigt und keine eigene Persönlichkeit besitzt. Kurz gesagt, das Rechtssystem im Vereinigten Königreich scheint robotergenerierte Erfindungen nicht zu begrüßen oder ihnen entgegenzukommen, die (zumindest vorläufig) in die Kategorie der freien und frei fließenden Informationen zu fallen scheinen.

Glauben Sie, dass ein KI-generiertes Metaverse das Potenzial hat, unsere Welt umzugestalten, indem es ein wunderbares Umfeld für das Gedeihen der Public Domain und der "Commons" schafft? Die Frage ist, ob ein KI-generiertes Metaverse mit von Menschen geschaffenen Welten in einem massiven Konflikt um geistiges Eigentum konkurrieren kann oder nicht. Es ist möglich, dass das Gekritzel des Androiden über ein elektrisches Schaf von jemand anderem erstellt wurde und nicht durch das Urheberrecht geschützt ist, aber der Programmierer des Androiden möchte es vielleicht trotzdem an Sie lizenzieren.

In den Vereinigten Staaten besteht das grundlegende Ziel der Urheberrechtsgesetzgebung darin, die Schaffung neuer Kunstwerke zu fördern, indem den Urhebern ein finanzieller Anreiz geboten wird, ihre Werke gesetzlich zu schützen. Dieser wirtschaftliche Anreiz wird den Urhebern zum Wohle der Öffentlichkeit geboten, da die Möglichkeit, Urheber für ihre Werke wirtschaftlich zu entschädigen, zu mehr innovativen Inhalten im Internet führen würde.

Werden Unternehmen, die sich mit künstlicher Intelligenz befassen, vom wirtschaftlichen Schutz des Urheberrechts profitieren können, wenn sie weiterhin in die Technologien investieren, die für die maschinelle Produktion von kreativen Werken erforderlich sind?

Gemäß Abschnitt 102 des Urheberrechtsgesetzes muss ein Werk "ein originäres urheberrechtliches Werk sein, das in einem heute bekannten oder später entdeckten greifbaren Ausdrucksmittel festgehalten ist...", um urheberrechtlich geschützt zu sein. Das Erfordernis der menschlichen Urheberschaft ist weder im Copyright Act noch in der Verfassung der Vereinigten Staaten ausdrücklich festgelegt. Dennoch sind die Gerichte und das Copyright Office von dieser Annahme ausgegangen. Die Praxis des Copyright Office erfordert menschliche Urheberschaft, um Werke zu registrieren, die ausschließlich mit mechanischen Methoden geschaffen wurden. Das Compendium of Copyright Office Practices schreibt für die Registrierung von Werken eine menschliche Urheberschaft vor.

Dieser Fall wurde gegen einen Verleger von Wildtierbüchern angestrengt und vor drei Jahren vom Neunten Bundesberufungsgericht abgewiesen, weil ein nicht menschlicher Urheber nach dem Urheberrechtsgesetz nicht klageberechtigt ist. Die Selfies wurden von einem Schopfmakaken aufgenommen und in dem Buch von einem Tierfotografen veröffentlicht. Dies bedeutet, dass KI-generierte Werke, sobald sie entwickelt sind, Teil des öffentlichen Bereichs werden und frei verbreitet werden können.

Nach dem derzeitigen Stand der Dinge hat dies erhebliche Auswirkungen auf die Schaffung von durch künstliche Intelligenz erzeugten Werken, da die Unternehmen und Investoren, die die Maschinen finanzieren, die diese Werke herstellen, in den Vereinigten Staaten derzeit nicht durch das Urheberrecht geschützt sind. Es wurde viel darüber diskutiert, ob die Urheberrechtsgesetze in den Vereinigten Staaten so weiterentwickelt werden können, dass sie dieses Schutzniveau bieten.

Es wurde argumentiert, dass auch anderen nicht natürlichen Personen Rechte zugestanden wurden, was für die Ausweitung des Urheberrechtsschutzes auf nichtmenschliche Autoren spricht. Seit vielen Jahren haben Unternehmen in den Vereinigten Staaten die gleichen Vertragsrechte wie natürliche Personen und die Möglichkeit, Verträge im gleichen Umfang wie natürliche Personen durchzusetzen, abgesehen davon, dass sie Steuern zahlen müssen.

Das Konzept der maschinenbasierten Work-for-Hire-Doktrin wurde von Kommentatoren weiterentwickelt, die argumentieren, dass der Endnutzer eines Programms mit künstlicher Intelligenz, das kreative Inhalte erzeugt, als Eigentümer dieser Inhalte betrachtet werden sollte.

Diesen Kommentatoren zufolge wird das KI-Programm als das Äquivalent eines Auftragnehmers betrachtet, der von einem Arbeitgeber eingestellt wird, um Inhalte zu produzieren, die sich der Arbeitgeber zu eigen macht. Einige haben jedoch argumentiert, dass die kreativen Beiträge des Endnutzers den Status des Endnutzers als Schöpfer von KI-produzierten Inhalten rechtfertigen. Im Gegensatz dazu argumentieren andere, dass das KI-Programm als ein Werkzeug für den Endnutzer betrachtet werden sollte. 22 Künstliche Intelligenzen als Werkzeug zur Durchsetzung von Urheberrechten Maschinelles Lernen gibt menschlichen Urhebern nicht nur die Möglichkeit, neue Kunstwerke zu schaffen, sondern auch, ihre Rechte durchzusetzen und ihre Kunstwerke besser zu vermarkten.

Viele Unternehmen wie Audible Magic und Google haben Software mit künstlicher Intelligenz entwickelt, die Material erkennt und bei der Aufdeckung von mutmaßlichen Urheberrechtsverletzungen hilft. Es wird davon ausgegangen, dass diese Technologien den menschlichen Urhebern erhebliche wirtschaftliche Vorteile bringen. Sollte das Urheberrecht für künstliche Intelligenz auf Originalität beruhen? Einige Länder, wie z. B. das Vereinigte Königreich, haben Schritte unternommen, um computergenerierte Werke auf der Grundlage der im Werk enthaltenen kreativen Komponenten zu schützen, um Investitionen in Technologien der künstlichen Intelligenz (KI) zu fördern. Da die künstliche Intelligenz immer weiter fortschreitet und immer mehr "kreative" Werke hervorbringt, wird die Diskussion über die Möglichkeit, diese Werke urheberrechtlich zu schützen, und die Frage, wer die Eigentumsrechte daran hat, sicherlich weitergehen.

Ein weiteres Thema, dem im Bereich des maschinellen Lernens und der künstlichen Intelligenz viel Aufmerksamkeit gewidmet wird, ist die ethische Konformität von KI-Systemen, wie die zunehmende Zahl von Veröffentlichungen und Debatten in diesem Bereich zeigt. Die moralischen Auswirkungen und Gefahren der künstlichen Intelligenz (KI) werden derzeit als sehr anwendungsspezifisch angesehen. So wird beispielsweise davon ausgegangen, dass das Potenzial der eingebauten Voreingenommenheit eines Systems der künstlichen Intelligenz schwerwiegende Auswirkungen auf menschliche Subjekte haben kann, wenn es sich um Anwendungen im Bereich der Strafjustiz handelt, und nicht so sehr, wenn es sich um ein von künstlicher Intelligenz erstelltes Kunstwerk handelt. Dies ist das Kernstück des jüngsten Entwurfs der Europäischen Kommission für eine Verordnung über künstliche Intelligenz, in der "risikoreiche" KI-

Anwendungen genannt werden, die regulatorischen Kriterien unterworfen werden müssen. Angenommen, wir wollen sicherstellen, dass ein Metaverse für alle sicher ist. In diesem Fall wird jede KI-generierte dreidimensionale Spielumgebung wahrscheinlich frei von Vorurteilen, Mobbing und anderen künstlichen Formen der Gewalt sein, die in unserer realen Welt in Zukunft nur allzu oft vorkommen werden. Wenn dieser Tag kommt, werden alle Betreiber künstlicher Intelligenz wahrscheinlich ihre internen Prozesse und ihre Governance im Hinblick auf das hohe Maß an Sicherheit überdenken müssen, das erforderlich ist, um die Baustelle des Metaverse zu betreten. Wenn es darum geht, sicherzustellen, dass sich Menschen im Metaverse wohl, sicher und wohl fühlen, sollten bestimmte Faktoren berücksichtigt werden.

Überlegungen wie das Potenzial für Verzerrungen in Systemen und Ergebnissen, die Qualität und die Art der Schulungsdaten, die Belastbarkeit und Genauigkeit der Systeme sowie die menschliche Aufsicht und Intervention sind allesamt wichtige Überlegungen, die berücksichtigt werden müssen.

Die Haltung der Europäischen Union zu künstlicher Intelligenz und dem Metaverse

Es gibt keinen formellen EU-Rechtsrahmen für die Regulierung von künstlicher Intelligenz und dem Metaverse. Die Entwicklung,

Umsetzung und Nutzung künstlicher Intelligenz wird durch verschiedene horizontale Gesetze und Grundsätze geregelt, darunter Datenschutz und Privatsphäre, Verbraucherschutz, Produktsicherheit und rechtliche Verantwortung. Die Europäische Kommission kündigte am 21. April 2021 ihren lang erwarteten Vorschlag für ein Gesetz über künstliche Intelligenz an, mit dem Ziel, Europa zum globalen Zentrum für vertrauenswürdige künstliche Intelligenz zu machen (Vorschlag für eine Verordnung zur Festlegung harmonisierter Normen für künstliche Intelligenz (Gesetz über künstliche Intelligenz)). Der Vorschlag stellt den Höhepunkt der mehrjährigen Vorbereitungsarbeiten der Europäischen Kommission dar, zu denen auch die Veröffentlichung eines "Weißbuchs über künstliche Intelligenz" im Jahr 2012 gehört. Nach den Vorstellungen der Kommission sollen die Grundrechte von Einzelpersonen und Unternehmen geschützt und gestärkt werden, während die Innovation im Bereich der künstlichen Intelligenz (KI) in der gesamten EU gefördert wird.

Für wen ist das Angebot gedacht?

KI-Anbieter und -Nutzer in der EU sowie Anbieter und Nutzer in einem Drittland, in dem die Systemleistung in der EU genutzt wird, würden den neuen vorgeschlagenen Rechtsvorschriften unterliegen, unabhängig davon, ob diese Anbieter in der EU oder in einem Drittland ansässig sind. Was genau beinhaltet dieser Vorschlag? Die

Kommission verfolgt einen risikobasierten, aber insgesamt vorsichtigen Ansatz, wenn es um künstliche Intelligenz geht. Sie erkennt zwar das Potenzial der künstlichen Intelligenz und die zahlreichen Vorteile, die sie bietet, ist sich aber auch der Gefahren bewusst, die diese neuen Technologien für die europäischen Werte sowie die Grundrechte und -prinzipien mit sich bringen. Sie verfolgt einen risikobasierten Ansatz, der sich in vier Hauptkategorien unterteilen lässt:

1. Inakzeptables Risiko: Systeme der künstlichen Intelligenz, die eine offensichtliche Bedrohung für die Sicherheit, den Lebensunterhalt oder die Rechte von Menschen darstellen, werden in der Regel nicht entwickelt. Die Möglichkeit psychischer oder physischer Schäden besteht vor allem dann, wenn Systeme oder Programme das menschliche Verhalten so manipulieren, dass der freie Wille des Benutzers beeinträchtigt wird, was zu einer untragbaren Gefahr führt. So würden beispielsweise Spielzeuge, die Jugendliche mit Hilfe von Sprachassistenz zu potenziell riskanten Aktivitäten auffordern, in diese Kategorie von Produkten fallen.

2. Hohes Risiko: Systeme der künstlichen Intelligenz, die als hochriskant eingestuft wurden, sind zulässig, unterliegen jedoch zusätzlichen Vorschriften und Konformitätsprüfungen. Zu diesen Systemen gehören

Technologien der künstlichen Intelligenz (KI), die in einer Reihe von Bereichen eingesetzt werden, die ein höheres Schutzniveau erfordern, darunter Bildung, kritische Infrastrukturen, Beschäftigungsmanagement, Produktsicherheitskomponenten, Strafverfolgung in Fällen von Eingriffen in die Grundrechte von Menschen sowie Asyl- und Grenzkontrollmanagement.

Hier sind nur einige Beispiele für besondere Aufgaben:

1. Bevor sie auf den Markt gebracht werden, müssen die Systeme einer gründlichen Risikobewertung und -minderung unterzogen werden.

Außerdem müssen qualitativ hochwertige Datensätze, eine vollständige Dokumentation aller wesentlichen Informationen über das System und dessen Zweck bereitgestellt werden, damit die Behörden die Einhaltung der Anforderungen beurteilen können. Die Systeme müssen in Bezug auf Transparenz und Information den Bedürfnissen des Nutzers entsprechen, und sie müssen von Menschen überwacht werden, um das Risiko von Fehlern zu verringern. Zu dieser Kategorie gehören alle biometrischen Fernerkennungssysteme, für die die gleichen strengen Vorschriften gelten wie für die übrige Branche. Für Strafverfolgungsbeamte ist es in der Regel unzulässig, diese

Systeme in Echtzeit in öffentlich zugänglichen Bereichen zu Strafverfolgungszwecken einzusetzen.

2. Es sind nur einige wenige strenge Ausnahmen zulässig, die von einer juristischen Behörde genehmigt werden müssen

3. Systeme mit künstlicher Intelligenz, die nur ein geringes Risiko bergen, werden in der Regel zugelassen, müssen aber auch strenge Offenlegungspflichten erfüllen.

Nutzer von Systemen mit künstlicher Intelligenz, wie Chatbots, sollten darauf hingewiesen werden, dass sie mit einer Maschine sprechen, damit sie in Kenntnis der Sachlage entscheiden können, ob sie die Interaktion mit dem System fortsetzen oder beenden wollen.

4. Geringes Risiko

Die große Mehrheit der Systeme künstlicher Intelligenz, wie Videospiele oder Spam-Filter, fallen in diese Kategorie und sind rechtlich zulässig, da sie die Rechte oder die Sicherheit der Nutzer nur minimal oder gar nicht beeinträchtigen.

Was kommt als Nächstes?

Der 108-seitige Vorschlag der Europäischen Kommission versucht, eine neue Technologie zu regeln, bevor sie auf breiter Basis eingesetzt wird. Als weltweit aggressivste Aufsichtsbehörde für die Technologiebranche könnte die Europäische Union als Modell für vergleichbare Maßnahmen in anderen Teilen der Welt dienen. Dies hat erhebliche Auswirkungen auf große Technologieunternehmen, die beträchtliche Summen in die Entwicklung künstlicher Intelligenz investiert haben, sowie auf viele andere Organisationen, die die Software zur Herstellung von Medikamenten oder zur Bewertung der Kreditwürdigkeit einsetzen. Versionen der Technologie wurden von Regierungen in der Strafjustiz und bei der Verteilung öffentlicher Dienstleistungen wie der Sozialhilfe eingesetzt. Mit einer so weit gefassten Definition von Systemen der künstlichen Intelligenz wird die Vorschrift sicherlich erhebliche Auswirkungen auf alle Branchen haben, insbesondere auf die Branchen, die im Metaverse erfolgreich sein wollen. Danach wird der Vorschlag an das Europäische Parlament und die Mitgliedstaaten zur Prüfung im Rahmen des üblichen Gesetzgebungsverfahrens weitergeleitet. Angesichts des umstrittenen Charakters der künstlichen Intelligenz (KI) und der enormen Anzahl der beteiligten Akteure und Interessen ist es unwahrscheinlich, dass dies ein einfaches oder geradliniges Verfahren sein wird. Es wird mit ziemlicher Sicherheit zahlreiche Änderungen und hoffentlich auch einige weitere Klarstellungen geben. Sobald das Gesetz angenommen und verabschiedet ist, soll es in allen EU-Mitgliedstaaten unmittelbar gelten.

Kapitel 6: Wie man in das Metaverse investiert

Wie jede andere Investitionsmöglichkeit erfordert auch die Investition in das Metaverse eine sorgfältige, ruhige Überlegung und Logik.

Anleger sollten sorgfältig und gründlich nachdenken, bevor sie sich für eine Anlagestrategie entscheiden, die sie anwenden möchten. In diesem Kapitel geht es um die 5 besten Anlagestrategien, mit denen Sie klug in das Metaverse investieren können.

Lesen Sie weiter.

Was sind Anlagestrategien?

Investitionspläne sind Techniken, die Anlegern dabei helfen, zu bestimmen, wo und wie sie ihr Geld auf der Grundlage ihrer Renditeerwartungen, ihrer Risikobereitschaft, der Höhe ihres Kapitals, langfristiger oder kurzfristiger Anlagen, ihres Ruhestandsalters, der Branche ihrer Wahl und anderer Überlegungen investieren. Die Anleger können ihre Pläne so anpassen, dass sie ihren spezifischen Zielen und Wünschen in Bezug auf Investitionen entsprechen.

Die Anlagestrategien lassen sich in fünf Typen unterteilen. Gehen wir der Reihe nach auf die vielen Arten von Investitionsmethoden ein.

Passive und aktive Anlagestrategien

Die passive Technik besteht darin, Münzen zu kaufen und zu lagern, anstatt sie regelmäßig umzutauschen, um größere Transaktionskosten zu vermeiden. Da sie glauben, dass sie den Markt aufgrund seiner Volatilität nicht übertreffen werden, bevorzugen sie die passive Taktik, die weniger riskant ist. Die aktive Taktik hingegen beinhaltet häufige Käufe und Verkäufe von Produkten. Die Anleger sind der Meinung, dass sie den Markt übertreffen und höhere Renditen erzielen können, als normale Anleger glauben.

Wachstumsinvestitionen (kurzfristige und langfristige Anlagen)

Die Anleger wählen die Haltedauer auf der Grundlage der Höhe des Wertes, den sie ihrem Portfolio hinzufügen möchten. Um den Korpuswert eines Tokens zu erhöhen, müssen die Anleger daran glauben, dass der Token in den kommenden Jahren wachsen wird und dass der innere Wert steigen wird. In manchen Kreisen wird dies als Wachstumsinvestition bezeichnet. Andererseits werden kurzfristige Investitionen getätigt, wenn die Anleger der Meinung sind, dass ein Token innerhalb von ein oder zwei Jahren nach der Investition einen guten Wert bieten wird. Auch die Präferenzen der Anleger selbst bestimmen die Haltedauer. Zum Beispiel, wie schnell sie Geld benötigen, um ein Haus zu kaufen, ihre Kinder zur Schule zu schicken oder ihre Altersvorsorge zu finanzieren, um nur einige Beispiele zu nennen.

Wertorientiertes Investieren

Die Value-Investing-Technik beinhaltet die Investition in einen Token auf der Grundlage des inneren Wertes und nicht des Marktwertes, da die Märkte solche Unternehmen unterbewerten.

Die Anleger in solche Unternehmen hoffen, dass bei einer Marktkorrektur der Wert dieser unterbewerteten Unternehmen korrigiert wird, so dass ihre Kurse in die Höhe schießen und sie beim Verkauf ihrer Aktien hohe Gewinne erzielen. Warren Buffet, der weltberühmte Investor, wendet diese Methode an.

Einkommensinvestitionen

Bei diesem Ansatz werden die Münzen nach ihrer Fähigkeit ausgewählt, Cashflow zu liefern, und nicht nach ihrer Fähigkeit, den Gesamtwert Ihres Portfolios zu steigern. Bargeldeinkünfte aus dieser Form des Investierens können auf zwei Arten erzielt werden: als festes Einkommen (durch Yield Farming) oder als Dividendeneinkommen (Staking)

Diese Technik wird von Anlegern bevorzugt, die einen beständigen Einkommensstrom aus ihren Anlagen suchen.

Investieren in Wachstumsunternehmen mit Dividende

Token, die regelmäßig Zinsen zahlen, sind stabiler und weniger volatil als andere Unternehmen, und sie bemühen sich, ihre Dividendenausschüttung jedes Jahr zu verbessern. Bei dieser Strategie reinvestieren die Anleger die Erträge und profitieren langfristig von den Vorteilen der Zinseszinsen.

Anlagerichtlinien für Einsteiger

Im Folgenden finden Sie einige Anlagetipps für Anfänger, die Sie berücksichtigen sollten, bevor Sie eine Geldanlage tätigen.

Finanzielle Ziele festlegen

Legen Sie finanzielle Ziele fest, wie viel Geld Sie in der kommenden Zeit benötigen werden. So können Sie feststellen, ob Sie in langfristige oder kurzfristige Anlagen investieren müssen und welche Rendite Sie erwarten können.

So können Sie feststellen, ob Sie in langfristige oder kurzfristige Anlagen investieren müssen und welche Rendite Sie erwarten können.

Untersuchung und Trendanalyse

Bevor Sie investieren, sollten Sie sich gründlich informieren, wie der Markt funktioniert und wie die verschiedenen Finanzinstrumente funktionieren.

Analysieren und beobachten Sie außerdem die Preis- und Renditetrends der Münzen, in die Sie investieren möchten.

Portfolio-Optimierung

Wählen Sie aus den Portfolios, die am besten zu Ihren Zielen passen, das am besten geeignete Portfolio aus. Ein ideales Portfolio erzielt die höchste Rendite bei geringstem Risiko.

Risikotoleranz

Bestimmen Sie das Risiko, das Sie bereit sind zu akzeptieren, um die gewünschte Rendite zu erzielen. Dies hängt auch von Ihren kurz- und langfristigen Zielen ab. Sie würden eine höhere Rendite in einem kürzeren Zeitraum anstreben, während Sie umgekehrt ein höheres Risiko in Kauf nehmen würden.

Risikodiversifizierung ist wichtig. Investieren Sie in verschiedene Projekte, um Ihr Risiko zu diversifizieren und Ihre Rendite zu erhöhen. Achten Sie außerdem darauf, dass die beiden Token nicht miteinander verbunden sind.

Vorteile von Anlagestrategien

Anlagestrategien haben mehrere Vorteile. Zu den Vorteilen von Investitionstechniken gehören unter anderem die folgenden:

- Der Einsatz von Investitionsmethoden, die auf der Grundlage von Zeit und Renditeerwartungen in verschiedene Anlagen und Branchen investieren, ermöglicht eine Risikostreuung im Portfolio.
- Bei der Zusammenstellung eines Portfolios kann der Anleger eine Strategie oder eine Kombination von Methoden wählen, die seinem Geschmack und seinen Bedürfnissen entspricht.
- Durch kluges Investieren können Anleger das Beste aus ihrem Geld machen und ihre Rendite maximieren.
- Mit Anlagetechniken können Sie Geld sparen, indem Sie Ihre Transaktionskosten senken und weniger Steuern zahlen.

Beschränkungen für Anlagestrategien

Beispiele für die Nachteile von Investitionsmethoden sind die unten aufgeführten:

- Anleger mit durchschnittlichen Mitteln haben es schwer, den Markt zu übertreffen. Auch wenn Kryptowährungen ein großartiges Investitionsprojekt mit bemerkenswerten und fantastischen Gewinnen sind, haben viele Anfänger aufgrund von mangelnder Geduld und Gier immer noch Schwierigkeiten, greifbare Ergebnisse in diesem Sektor zu erzielen.

- Auch wenn vor einer Investition viele Studien, Analysen und historische Daten berücksichtigt werden, sind die meisten Entscheidungen vorausschauend.

- Es ist möglich, dass die Ergebnisse und Renditen nicht wie erwartet ausfallen, was dazu führt, dass die Anleger bei der Erreichung ihrer Ziele weiter zurückfallen.

- Eine gut durchdachte Anlagestrategie ist von entscheidender Bedeutung. Sie wird Ihnen helfen, schlechte Portfolios auszusortieren und Ihre Erfolgschancen zu erhöhen.

- Überlegen Sie sich ein paar grundsätzliche Fragen, z. B. wie viel Geld Sie investieren wollen. Welche Art von Rendite erwarte ich? Wie hoch ist meine Risikotoleranz? Wie lang ist mein Anlagehorizont? Warum war es für mich notwendig zu investieren?

- Je konkreter Ihre Ziele sind, desto sicherer sind Sie in Ihrer Fähigkeit, solide Anlageentscheidungen zu treffen. Halten Sie immer Ausschau nach potenziellen Anlagemöglichkeiten und investieren Sie nie eine große Summe auf einmal.

- Der Aufbau eines Portfolios ist wie der Bau eines Hauses von Grund auf, Stein für Stein und Dollar für Dollar. Es ist besser, es richtig zu machen, als es schnell zu machen.

Kapitel 7: Das Metaverse und der virtuelle Nachlass

Das Metaverse ist ein virtuelles Land, das nur in den Köpfen der Benutzer existiert.

Das Metaverse ist im Begriff, selbst in den unwahrscheinlichsten Branchen wie der Immobilienbranche erhebliche Störungen zu verursachen. Durch die fehlende Verbindung zur physischen Welt ist das Metaverse bereit, einige seit langem geltende Rechtsvorstellungen, wie das Konzept des Eigentums, aus unserer menschlichen Gesellschaft zu verdrängen.

Geostandorte in der realen Welt können mit von Benutzern erstellten digitalen Umgebungen im Metaverse verknüpft werden, einer virtuellen Welt, die zwischen der realen Welt und der virtuellen

Realität liegt. Diese Umgebungen werden bald zum Kauf, Verkauf und Besitz verfügbar sein und können umfassend angepasst werden.

Die Entscheidung, Metaverse-Land zu kaufen, ist für viele Menschen eine große Entscheidung, aber die Vorteile überwiegen die Risiken.

Dieses Kapitel behandelt den Prozess des Landerwerbs im Metaverse.

Land im Metaverse

Was ist das Besondere an Virtual Land, und was kann man damit machen?

Es handelt sich zwar "nur" um eine virtuelle Metropole, aber die Investoren geben echtes Geld aus, um dort Land zu kaufen. Käufer in Decentraland haben die Freiheit, auf ihren Grundstücken zu bauen, was sie wollen. Für viele ist der Handel mit Produkten und Dienstleistungen gegen Bitcoin eine Möglichkeit, in der virtuellen Welt Geld zu verdienen. Der amerikanische Traum bekommt in virtuellen Welten eine neue Bedeutung, wo Investoren Grundstücke kaufen und starke Gemeinschaften die Begehrlichkeit steigern.

Der amerikanische Traum bekommt in virtuellen Welten eine neue Bedeutung, wo Investoren Grundstücke kaufen und starke Gemeinschaften die Begehrlichkeit steigern.

Warum kaufen Menschen virtuelles Land? Menschen kaufen virtuelles Land aus einer Vielzahl von Gründen.

Im Folgenden werden einige Gründe genannt, warum der Erwerb von virtuellem Land als notwendig erachtet wird:

Neue Anlageklasse

Digitale Immobilien haben sich als eine wertvolle Anlageklasse erwiesen. Ihr Wert steigt exponentiell an, was sie zu einer attraktiven Investitionsmöglichkeit macht. Es besteht auch die Möglichkeit, dass jemand sie in einen lebensfähigen finanziellen Vermögenswert verwandelt, ähnlich wie Kunst und Immobilien in der realen Welt.

Angst, etwas zu verpassen (FOMO) (Fear of Missing Out)

Menschen, die wunderbare reale oder virtuelle kaufen, tun dies, weil sie ein schreckliches Gefühl haben, etwas Erstaunliches zu verpassen. So viele Menschen verpassen den Kauf von Bitcoin, als er noch so billig war, was sie dazu veranlasst hat, alternative Gegenstände wie virtuelle Immobilien zu erkunden.

Außergewöhnliche Profite

Aufgrund seiner Verbindung mit der ständig wachsenden Welt der Krypto-Investitionen hat virtuelles Land das Potenzial, enorme

Renditen zu erzielen. Viele Menschen konnten in kurzer Zeit Tausende von Dollars gewinnen, weil sie Land einfach umdrehen können (wie sie es mit Immobilien tun) und weil der Bullenmarkt beständig ist.

Möglichkeiten für zusätzliche Einnahmen

Langfristig eröffnet das virtuelle Land neue Möglichkeiten, was mit der Immobilie gemacht werden kann, z. B. der Bau von Kunstgalerien, die Durchführung von Werbekampagnen oder einfach die Vermietung an andere, um mit deren Bauprojekten Geld zu verdienen.

Einige Nutzer nutzen ihr virtuelles Eigentum, um virtuelle Kasinos zu bauen, in denen sie spielen können.

Darüber hinaus prüfen große Einzelhändler die Möglichkeit, Schaufenster in der virtuellen Realität (VR) zu eröffnen.

Es ist weniger kompliziert als der Kauf von Immobilien

Die Nutzung digitaler Immobilien hat gegenüber konventionellen Methoden erhebliche Vorteile. So entfallen beispielsweise zeitaufwändige Formalitäten, die Instandhaltung von Immobilien und Steuerzahlungen. Darüber hinaus erhöht der Einsatz der Blockchain-Technologie die Sicherheit und Nachvollziehbarkeit von Grunderwerbstransaktionen.

<u>**Niedrige Eintrittsbarriere**</u>

Die Preise für Immobilien steigen weltweit, doch virtuelle Grundstücke bieten ähnliche Vorteile für weniger als ein Prozent der Kosten. Aufgrund der hohen Kosten für den Erwerb natürlicher Grundstücke mag dieses Ziel für viele Menschen unerreichbar sein, aber der Erwerb virtueller Grundstücke ist günstiger.

Wo kann man am besten virtuelles Land kaufen?

Ob wir nun die Straße entlang spazieren oder aus dem Fenster schauen, wir sind von virtuellen Welten umgeben, die sich ständig verändern und weiterentwickeln. Immer mehr Unternehmen entwickeln virtuelle Welten, die auf kompatiblen Geräten wie PCs, Mobiltelefonen oder sogar entsprechenden Headsets betrachtet werden können, seit die Technologien der Virtuellen Realität und der Erweiterten Realität auf den Markt gekommen sind.

Kauf von virtuellem Land im Metaverse: Ein Wort der Warnung

Beim Kauf einer virtuellen Immobilie (wie auch einer Kryptowährung oder eines NFT) überwiegen die Erträge weitgehend alle anderen Überlegungen.

Zahlreiche Neulinge in diesem Ökosystem suchen nach dem Ausbruch des Coronavirus nach anderen Möglichkeiten, Geld zu verdienen. Auch wenn einige Leute einfach nur versuchen, beträchtliche Geldsummen zu sparen, die sie über Kryptowährungen wie Bitcoin, Ethereum und Solana erhalten haben, tragen diese Faktoren sicherlich zur aktuellen Hausse für virtuelles Land bei.

Auch wenn es manchen als sinnloses Unterfangen erscheinen mag, verbringen die Menschen trotzdem täglich Millionen von Stunden in virtuellen Welten.

Es wird also so lange seinen Wert behalten, wie andere es für wertvoll halten. Einige kurzfristige Investoren werden in der Tat daran interessiert sein, von virtuellen Grundstücken zu profitieren, in der Hoffnung, dass ihr Wert in Zukunft steigen wird. Eine andere Gruppe von Menschen hingegen wird einfach nur Zugang zu diesen Grundstücken suchen, weil sie es gerne tun.

Kapitel 8: Die 5 wichtigsten Krypto-Metaverse-Projekte

In diesem Kapitel werden die 5 wichtigsten Kryptowährungsprojekte im Zusammenhang mit dem Metaverse besprochen und wie man in sie investieren kann.

1. SANDBOX

Was ist der Sandbox-Token und wie funktioniert er? Der Sandbox (SAND) ist ein Ethereum-basierter ERC-20-Token, der als nativer Vermögenswert der virtuellen Sandbox-Wirtschaft dient. Er wird an der Ethereum-Börse gehandelt.

Die Zahl der SAND-Token wird 3 Milliarden betragen, wobei bereits rund 900 Millionen Token im Umlauf sind.

Für ein Projekt, das sich rühmt, dezentralisiert zu sein, ist es überraschend, dass der Großteil des gesamten Angebots dem Unternehmen, seinen Mitarbeitern, Beratern und Investoren zugewiesen wird. Darüber hinaus erbringt der Token zum Zeitpunkt der Erstellung dieses Artikels zwei wesentliche Dienstleistungen auf der Plattform. Im Spiel können Dinge auf dem Marktplatz mit dieser

Währung gekauft werden, die eingesetzt wird, um Interesse zu wecken.

Das Bearbeitungsprogramm des Sandbox-Teams ist das Rückgrat des Spiels. Die Software ermöglicht es den Nutzern, 3D-Objekte wie Kreaturen, Kostüme, Gebäude, Autos und so ziemlich alles andere, was sie sich vorstellen können, zu konstruieren. Für jedes Objekt wird ein nicht-fungibler Token (NFT) erstellt, der dann auf dem Marktplatz von The Sandbox oder auf Sekundärmärkten wie OpenSea verkauft werden kann.

Sie haben auch die Möglichkeit, ganze 3D-Spiele zu entwickeln, die in der virtuellen Welt gespielt werden können, ohne dass Sie über Programmierkenntnisse verfügen. Sie können Ihre Spiele monetarisieren und jedes Mal, wenn jemand sie spielt, SAND verdienen, wenn Sie entschlossen sind, mit diesem Unternehmen Geld zu verdienen.

Das Sandbox-Spiel wird auf einer riesigen Karte gespielt, die in Segmente unterteilt ist, die von den Entwicklern als LAND bezeichnet werden.

Ein einzelnes NFT ist Tausende von Dollar wert, und jedes Teil wird als Einzelstück verkauft. Viele Spieler haben sich in virtuelle Immobilienmagnaten verwandelt, die ihre Grundstücke mit auf dem

Marktplatz gekauften Gegenständen verschönern und sie weiterverkaufen.

Grundstücke können aufgrund ihrer geografischen Nähe zu größeren und wertvolleren Ländereien und Bezirken zusammengefasst werden. Es ist möglich, mit Ihrem Land auf andere Weise Geld zu verdienen, als es einfach nur zu verkaufen. Sie können Veranstaltungen und Spiele veranstalten, für die Sie einen Eintrittspreis verlangen und hoffen, viele zahlende Kunden anzulocken.

Den Erfindern zufolge wird SAND schließlich als Governance-Token und Kryptowährung dienen.

 Laut dem Whitepaper des Projekts wird frühestens 2023 eine dezentrale autonome Organisation (DAO) in The Sandbox integriert. Die SAND-Inhaber würden über Themen abstimmen, die die Zukunft des Spiels und des Ökosystems betreffen, sobald dieser Prozess abgeschlossen ist.

Es ist schwierig, sich eine völlig dezentralisierte Sandbox vorzustellen, da der Großteil der Token und Stimmrechte wahrscheinlich in den Händen des Unternehmens, seiner Crew und seiner Geldgeber bleiben wird. Ein beträchtlicher Teil des Token-Angebots der Plattform könnte in Zukunft der Öffentlichkeit zugänglich gemacht werden. Im Moment steckt die Dezentralisierung des Tokens jedoch noch in den Kinderschuhen.

Die Preisentwicklung von The Sandbox

Die Ankündigung von Facebook, sich in Meta umzubenennen, war bei weitem das wichtigste Ereignis in der Geschichte des Sandbox-Preises.

Der Token hatte erst im September, kurz vor der Ankündigung, ein Allzeithoch von 1 $ erreicht. SAND wurde bis Ende Januar 2021 mehrere Monate lang bei etwa 0,05 $ pro Aktie gehandelt, als er begann, sich dem Rest des Marktes in der unglaublichen Hausse von 2020-2021 anzuschließen, die Ende Januar begann. SAND erreichte seinen ersten bedeutenden Höchststand im März mit etwa 0,85 $, nur wenige Monate bevor Ethereum im Mai sein Allzeithoch erreichte.

Auch wenn der Anstieg auf 0,85 $ und dann auf 1 $ spektakulär war, wurde er in der ersten Novemberwoche noch übertroffen, als er innerhalb weniger Tage auf 3 $ anstieg.

Nach der Ankündigung von Facebook ist der Wert von Token wie SAND sprunghaft angestiegen. Oberflächlich betrachtet scheint diese Haltung völlig logisch zu sein.

Wenn sich mehr Menschen mit der Technologie vertraut machen, könnte die Nutzung der bestehenden Plattformen erheblich zunehmen. Im Gegensatz dazu hat Facebook jetzt angekündigt, dass es etwas entwickeln wird, das zweifellos der stärkste Konkurrent von The Sandbox sein wird. Ein technologischer Gigant ist in diesen Raum eingetreten, der höchstwahrscheinlich die Absicht hat, die bestehenden Unternehmungen mit einer Dampfwalze zu zerstören.

Es wird erwartet, dass Decentraland (das ebenfalls in diesem Kapitel vorgestellt wird) der wichtigste Konkurrent von Meta sein wird, bis Metas Metaverse veröffentlicht wird.

Oberflächlich betrachtet scheinen die beiden Initiativen sehr ähnlich zu sein.

Diese beiden Spiele sind Metaverse-Spiele, die sich um eine Kryptowährung drehen und eine NFT-basierte Wirtschaft gemeinsam haben. Dennoch gibt es signifikante Unterschiede zwischen den beiden Spielen. Mit ihrer bahnbrechenden 3D-Bearbeitungssoftware ermöglicht The Sandbox ihren Kunden, praktisch alles zu erschaffen, was sie sich vorstellen können.

Decentraland ist für den Normalbürger etwas unkomplizierter, aber das mag für ihn attraktiver sein.

Decentraland hat zum Zeitpunkt der Erstellung dieses Berichts auch eine deutlich höhere Anzahl aktiver Nutzer und scheint etwas mehr Markenbekanntheit zu erlangen. Zum Beispiel hat Coca-Cola Co. (NYSE: KO) beschlossen, bereits in diesem Jahr mit dem Verkauf von Marken-NFTs im Spiel zu beginnen. Obwohl sich die Sandbox vieler namhafter Partner wie Atari und Snoop Dogg rühmen kann, scheint sie in diesem Bereich hinter ihren Konkurrenten zurückzubleiben.

Wie man Sandbox kauft

Da der Sandbox-Token eine relativ beliebte Kryptowährung ist, kann er auf mehreren namhaften Kryptowährungsbörsen gefunden werden. FTX und Gemini sind zwei der besten Handelsplattformen für den Token, und beide unterstützen ihn. Es wird auch auf anderen Börsen wie Binance und KuCoin verkauft.

Der Erfolg von SAND wird höchstwahrscheinlich davon abhängen, wie gut die Spieler es in Zukunft annehmen. Selbst wenn das Metaverse ein sehr populäres Konzept wird, wird die Sandbox nur dann erfolgreich sein, wenn die Menschen am Spiel teilnehmen und zu seiner Ökologie beitragen.

Die Sandbox hat das Potenzial, eine großartige Investition zu sein. Für zuversichtliche Anleger hat sie sich bereits als solche erwiesen.

Hätten Sie ihn im Januar gekauft, wäre Ihre Investition um etwa 5.000 Prozent gestiegen. Wie die meisten Kryptowährungen ist er jedoch eine äußerst riskante Investition.

Wenn es dem Spiel nicht gelingt, Nutzer und Investoren anzuziehen, wird der Preis von SAND im Laufe der Zeit mit Sicherheit fallen. Ob The Sandbox innerhalb eines Jahres ein wichtiger Akteur im Bereich der Metaverse-Spiele sein wird, lässt sich nur schwer vorhersagen. Dennoch ist es wahrscheinlich eine bessere Wette als einige seiner weniger bedeutenden Konkurrenten.

Welche Vorteile hat der Kauf eines Grundstücks in einer Sandbox für Sie?

Sandbox ist eine dezentralisierte, von der Community betriebene Umgebung für Spiele, visuelle Kunst und Spieldesign, die auf der Ethereum-Blockchain aufbaut. Sie ermöglicht es Machern und Designern, ihre neuen Funktionalitäten (NFTs), Kunsterlebnisse (einschließlich Spielbeobachtungen) und Spielbeobachtungen (einschließlich NFTs) zu erstellen und zu vermarkten.

Eines der wichtigsten Ziele von Landflächen ist es, Spieleentwicklern und -designern eine Plattform zu bieten, auf der sie Erfahrungen veröffentlichen können, die von Spielern gespielt und zu Geld gemacht werden können.

Verschiedene andere Dienstleistungen, wie z. B. die Verpachtung von Land und die Anmeldung von Landansprüchen, werden zur Verfügung stehen.

Es gibt zwei Arten von Grundstücken, die zum Kauf angeboten werden: Standard- und Premiumgrundstücke.

Wie man Land auf Sandbox kauft

Sandbox verkauft Grundstücke über öffentliche Versteigerungen von Immobilien. Die Ankündigung erfolgt in den offiziellen Gemeinden vor den Augen der Öffentlichkeit.

Bevor Sie ein Grundstück aus der Sandbox erwerben können, müssen Sie sich zunächst bei der Website registrieren.

Die Karte ist auf der offiziellen Website von Sandbox zu finden, auf die sich Interessenten für den Erwerb von Grundstücken im Rahmen öffentlicher Grundstücksverkäufe begeben sollten.

Um ein Grundstück zu kaufen, wählen Sie es aus der Liste der verfügbaren Parzellen aus.

Es wird gelb angezeigt, wenn es keine zugänglichen Premium-Flächen gibt. Im Gegensatz dazu wird es grau angezeigt, wenn es ein verfügbares Standardgrundstück gibt.

Die blau markierte Schaltfläche "Kaufen" sollte verwendet werden, wenn Sie das Grundstück erwerben möchten.

Solange der Verkauf nicht abgeschlossen ist, abgesagt wird oder nicht zustande kommt (z. B. weil kein Erdgas vorhanden ist), wird das Land in Reserve gehalten (nach zwei Stunden).

Danach färbte sich das Land lila, was bedeutete, dass es reserviert worden war.

Ihr Bankkonto sollte in der Tat angezeigt werden und Sie auffordern, die Zahlung abzuschließen und explizit die Menge an Gas (in ETH) zu erklären, die Sie nun für Ihre Transaktion ausgeben.

Sie wird abgeschlossen, sobald Ihr Bankkonto die Bestätigung der Zahlung erhält. Die von Ihnen gewählte Gasmenge und ein eventueller Blockchain-Stau wirken sich erheblich auf die Zeit aus, die für die Ausführung der Transaktion benötigt wird.

Wenn Sie erfolgreich sind, wird das Land rot, um anzuzeigen, dass Sie es nun in Besitz genommen haben.

Wie wird man durch den Kauf von Land im Sandbox reich?

Lands on the Sandbox, eine Art digitaler Immobilien, die es Ihnen ermöglicht, eine sehr saubere und konstante Einnahmequelle zu generieren, bietet Ihnen mehrere Möglichkeiten, einen sehr sauberen und konstanten Einkommensstrom zu erzielen.

Schauen wir uns an, wie das Land Sie zu einer sehr wohlhabenden Person machen kann.

Gastgewerbe

Nutzer können auf der Sandbox lebendige Erlebnisse wie Spiele, Kunstmuseen, Geschäfte, Landschaften, engagierte Bildung und andere Aktivitäten veranstalten. Die Hauptaufgabe von Immobilien besteht darin, den Nutzern die Möglichkeit zu geben, Live-Erlebnisse zu veranstalten.

Das Sandbox-eigene Spielentwicklungsprogramm, bekannt als Game Maker, kann verwendet werden, um diese Erlebnisse zu entwerfen und zu erstellen, die dann in jedem der Gebiete des Erstellers verfügbar gemacht werden können. Die Spieler müssen unter Umständen eine Eintrittsgebühr in Kryptowährung zahlen, um Zugang zu dem auf dem Land angebotenen Erlebnis zu erhalten.

Abstecken

Dank einer für Sandbox geplanten Funktion können Landbesitzer in Zukunft Kryptowährungen auf ihr Land setzen, um dafür passive Anreize zu erhalten.

Eine dieser Vergünstigungen sind GEMs, ein ERC-20-Token, der extrem wertvoll und bei Fachleuten für Asset Design sehr begehrt ist.

Als Bonus zu den regulären Staking-Anreizen können diese GEMs auf dem freien Markt gegen Bargeld verkauft werden. Ihr Landbesitz fungiert als Multiplikator, wenn Sie SAND-ETH-Cashflow an einen UniSwap-Liquiditätsanbieter liefern, wodurch sich die Menge an SAND-Kryptowährung erhöht, die Sie durch Cashflow-Mining erhalten.

Es wird auch möglich sein, dass Vermieter ihre Grundstücke an Dritte verpachten, z. B. an Spieleentwickler und Filmproduktionsfirmen, die bei den ursprünglichen Verkäufen nicht zum Zuge gekommen sind.

Sobald der Verkauf aller verfügbaren Grundstücke abgeschlossen ist, wird die Zahl der verfügbaren Grundstücke in die Höhe schnellen, da immer mehr Menschen auf The Sandbox aufmerksam werden und sich dafür entscheiden, dort eine Erfahrung einzureichen.

Wettbewerbe und Werbegeschenke

Die Organisation von Wettbewerben und Werbegeschenken auf Ihren Grundstücken könnte eine beträchtliche Anzahl von zahlenden Käufern auf Ihr Grundstück bringen, die an dem Wettbewerb oder dem Werbegeschenk teilnehmen. Andere Personen können auf Ihren

Grundstücken Turniere veranstalten oder Preise verschenken, um für ihr Unternehmen zu werben und Ihre Bekanntheit zu steigern.

Inserate

Sind Sie ein Affiliate-Vermarkter? Besitzen Sie ein eigenes Unternehmen? Sind Sie ein veröffentlichter Autor? Sind Sie ein kreativer Mensch? Oder sind Sie daran interessiert, ein Produkt oder eine Dienstleistung zu verkaufen? Warum erweitern Sie dann nicht Ihre Reichweite, indem Sie einen Teil Ihrer Werbefläche auf Ihrem Grundstück nutzen, um sich bei Spielern und Besuchern zu vermarkten, die Ihr Produkt oder Ihre Dienstleistung sonst vielleicht nicht kennen würden?

Aktiva Nicht-finanzielle Transaktionen

Wenn Sie sich entschließen, ein Erlebnis auf Ihrem Grundstück zu veröffentlichen, werden Sie Zugangsvoraussetzungen und einen Preis für die Teilnahme der Besucher entwickeln.

Es ist möglich, den Spielern als Zugangsvoraussetzung vorzuschreiben, dass sie zunächst einen bestimmten Vermögenswert, wie z. B. NFT, besitzen müssen. Nehmen wir an, ein Spieler möchte an Ihrem landbasierten Piratenspiel teilnehmen und hofft, eine Waffe aus Ihrer weltweiten NFT-Schwertsammlung zu erwerben, die Sie auch auf dem globalen Markt veröffentlicht haben.

Land zu verkaufen in den USA.

Der Verkauf von Land innerhalb der Sandbox ist natürlich eine zusätzliche Möglichkeit, Geld zu verdienen, vor allem, wenn das Land in einer stark frequentierten und begehrten Zone des Metaverses liegt.

Langfristig werden Sie jedoch, wenn Sie die Ruhe bewahren und Ihre Landregionen über einen längeren Zeitraum halten können, höchstwahrscheinlich durch eine Kombination der verschiedenen in diesem Artikel beschriebenen Strategien mehr Geld verdienen.

Wie hoch sind die Kosten für Land im Sandbox in Dollar?

Das billigste Land, das man auf Sandbox kaufen kann, kostet mehr als 10000 USD.

Die durchschnittlichen Grundstückspreise sind in den letzten drei Monaten erheblich gestiegen. Der durchschnittliche Grundstückspreis stieg in weniger als einem Jahr von 40 USD auf 960 USD.

Besteht ein Risiko?

Es gibt zweifelsohne einen. Gehen Sie daher mit Vorsicht vor. Die Grundstückspreise könnten in Zukunft sinken. Sie befinden sich noch in der Anfangsphase und haben sich noch nicht allgemein durchgesetzt. Angesichts der derzeitigen Trends ist es jedoch zweifelhaft, dass die Grundstückspreise erheblich sinken werden. Sollte dies jedoch der Fall sein, wäre jetzt ein hervorragender Zeitpunkt für den Kauf von Grundstücken. Sandbox ist ein Unternehmen, in das ich sehr viel Vertrauen habe. Es wird spannend sein, zu sehen, wohin uns das Leben führt.

Das Metaverse ist die Zukunft, und jede Investition in Land in der Sandbox oder in anderen Metaversen könnte sich schon bald als ein großartiges Unternehmen erweisen. Das Verhältnis von Ertrag und Risiko ist hoch. Schätzungen zufolge kann der Preis für Sandboxland in weniger als einem Jahr um das 5-10fache steigen.

Es kann jedoch nichts garantiert werden. Dies ist keine Finanzberatung. Stellen Sie Ihre eigenen Nachforschungen an.

2. DECENTRALAND (MANA)

Wer ist Decentraland, und was macht es?

MANA ist das von Decentraland entwickelte ERC20 fungible Kryptowährungs-Token. MANA ist die Währung, die in der In-Meta-Wirtschaft von Decentraland verwendet wird.

Das Land wird mit Blick auf MANA gekauft und verkauft.

Decentraland, ein Rahmenwerk für virtuelle Welten, wird von der Ethereum-Blockchain angetrieben. Die Verbraucher können Informationen und Software produzieren, erleben und monetarisieren. Die Gemeinschaft ist für alle Zeiten Eigentümerin der Grundstücke in Decentraland und hat damit die vollständige Kontrolle über die Entwicklung des Gebiets. Die Nutzer können mithilfe eines Blockchain-basierten Parzellendatensatzes das Eigentum an digitalem Land beanspruchen. Grundstückseigentümer können festlegen, welche Informationen über ihre Parzelle veröffentlicht werden, die durch eine Reihe von kartesischen Koordinatensystemen (siehe Bild unten) definiert ist (x,y). Die Art der Informationen kann von statischen 3D-Szenen bis hin zu interaktiven Systemen wie Videospielen und Simulationen reichen.

Für viele Investoren ist der Erwerb von Grundstücken in Decentraland ein großer Schritt nach vorn. Es ist eine fantastische Technik, um den Geldbetrag zu erhöhen, den Sie haben. Genauso wie Immobilien einzigartig sind, wird jeder Grundstücksanteil durch einen nicht fungiblen Token (NFT, ERC 721) repräsentiert, was bedeutet, dass er nicht hergestellt oder neu geschaffen werden kann, ähnlich wie Immobilien. Darüber hinaus bietet Decentraland die Möglichkeit, eine Hypothek auf das Land zu erhalten.

Jeder kann jederzeit auf dem offiziellen Markt von Decentraland Global oder über Opensea Land kaufen, verkaufen oder pachten. Sie sind formell und unbestreitbar Eigentümer des Grundstücks, wenn Sie den Land-Token besitzen, was möglich ist, weil alle Operationen auf der Ethereum-Plattform als ehrlicher Proof-of-Purchase verarbeitet werden. Wenn Sie sich entscheiden, in Decentraland zu investieren und zu bauen, sollten Sie die folgenden Informationen kennen.

Eine Offline-Immobilie zu mieten ist teuer, und Decentraland bietet eine kostengünstigere Möglichkeit, eine Immobilie zu besitzen. Die folgenden Optionen stehen denjenigen zur Verfügung, die in diese Plattform investieren möchten:

- Kauf einer Immobilie
- Landschaftsgestaltung
- Shop
- Gründen Sie Ihr eigenes Unternehmen.
- Spielen Sie Videospiele, die in der realen Welt spielen.
- Knüpfen Sie Kontakte und unterhalten Sie sich mit anderen.

Was können Sie auf dem Decentraland-Marktplatz kaufen? Was können Sie in Decentraland tun?

Auf dem Marktplatz finden Sie alles, was Sie für den Handel und die Verwaltung Ihrer Decentraland-Token benötigen.

Grundstücke, Immobilien, Kleidung und unverwechselbare Marken stehen weltweit zum Kauf zur Verfügung. Sie können Ihren MANA-Preis sowie eine Frist für die Einreichung von Angeboten festlegen.

Auf Decentraland können Sie Immobilien und Grundstücke kaufen, aber auch Wearables und Unikate, die zum Verkauf stehen.

Wie kaufe ich ein Grundstück in Decentraland?

Jeder kann jederzeit auf dem Decentraland-Marktplatz oder auf Opensea Land kaufen, verkaufen und pachten. Darüber hinaus bietet Decentraland die Möglichkeit, eine Hypothek auf das Land selbst aufzunehmen. In Decentraland, um genau zu sein.

Mit der Atlasansicht können Sie sich jedes farblich gekennzeichnete Grundstück, jede Siedlung, jede Straße, jede Region und jeden Platz auf dem Marktplatz von Decentraland aus der Vogelperspektive ansehen. Sie können sich auf der Karte bewegen, indem Sie sie mit der Maus anklicken und verschieben. Sie können auch zoomen und den Mauszeiger über eine Parzelle bewegen, um deren x- und y-Koordinaten sowie den Eigentümer anzuzeigen. Alle Pakete, die derzeit auf dem globalen Markt zum Kauf angeboten werden, werden in diesem Website-Bereich hervorgehoben. Tippen Sie auf eine Parzelle, um mehr über sie zu erfahren, einschließlich ihres Status, ihrer Koordinaten und der öffentlichen Adresse ihres Besitzers (falls sie einen Besitzer hat). Von diesem Bildschirm aus können Sie auch ein Kauf- oder Verkaufsangebot für die angezeigte Parzelle abgeben.

Was ist ein Nachlass auf Decentraland?

Eine Immobilie ist wie ein Grundstück ein digitaler Vermögenswert, der nicht ausgetauscht werden kann. Ein Grundstück ist eine Ansammlung von zwei oder mehr Grundstücken, die nahe beieinander liegen. Diese Parzellen müssen aneinander grenzen und dürfen nicht durch eine Straße, einen Platz oder eine andere Parzelle getrennt sein. Sie können Ihre großen Ländereien effektiver verwalten, indem Sie Parzellen miteinander verbinden und so Ländereien schaffen. Estates sind zum Beispiel praktisch, um größere Sequenzen zu erstellen, die sich über mehrere Grundstücke erstrecken.

Was genau ist eigentlich ein Paket?

Wie Immobilien ist jedes Grundstück in Decentraland ein nicht fungibles Token (NFT, ERC 721), was bedeutet, dass es einzigartig ist und nicht verfestigt oder neu erstellt werden kann, genau wie bei einer Kryptowährung.

Das billigste Stück Land in Decentraland ist 3487 MANA.

Wo kann man Artikel auf Decentraland kaufen?

Über die Registerkarte Erkunden gelangen Sie zur Marktplatzansicht, in der Sie alle zum Verkauf stehenden Währungen sehen können. Wählen Sie die Option "Kategorie", wenn Sie sich nur eine bestimmte Art von Artikel ansehen möchten.

Sortieren Sie sie nach verschiedenen Kriterien, z. B. nach dem neuesten oder dem günstigsten Angebot usw.

Um Produkte im Auge zu behalten, die nicht zum Verkauf stehen, schalten Sie die Verkaufsfunktion aus.

Wenn Sie die Produkte nach Titel sortieren, finden Sie leichter, was Sie suchen.

Wie man MANA-Token kauft

Dies ist ein unkompliziertes Verfahren. Sobald Sie sich in Ihr bestehendes Konto eingeloggt haben, klicken Sie auf den Link "Exchange" oder "Markets", um die Handelsplattform aufzurufen. Suchen Sie dann nach Währungspaaren, die Sie interessieren, wie z. B. ETH/MANA oder BTC/MANA, um nur einige zu nennen. Darunter erscheint eine Schaltfläche "KAUFEN", in die Sie den Geldbetrag eingeben können, den Sie ausgeben möchten, oder sogar die Menge an MANA, die Sie kaufen möchten, um fortzufahren. Sie können

MANA-Tokens kaufen, indem Sie das Formular auf dieser Seite ausfüllen.

In Decentraland können unter anderem folgende Gegenstände erworben werden: Grundstücke, Immobilien, Kleidungsstücke und einmalige Titel.

Grundstückspreise in Decentraland

Die Gesamtfläche beträgt 90.601 Hektar, davon sind 43689 Privatgrundstücke, 33886 Bezirksgrundstücke, 9438 Straßen und 3588 Plätze. Auf die privaten Grundstücke entfallen 33886 Hektar.

Jede Parzelle hat eine quadratische Fläche von 16 m x 16 m, während sie früher 10 m x 10 m groß war.

Das teuerste Stück Land, das jemals verkauft wurde, kostete 2.000.000 MANA.

Der durchschnittliche Grundstückspreis ist allein in den letzten fünf Jahren von weniger als 500 USD auf mehr als 3000 USD gestiegen.

Lohnt es sich, in dezentrale Immobilien zu investieren?

Die Zukunft von Decentraland hängt von der Anzahl der Menschen ab, die sich anmelden und die Plattform anschließend nutzen. Viele Menschen fühlen sich von dieser Kryptowährung als rein digitales

Interesse angezogen und hoffen, dass sie zu einer legitimen digitalen Währung wie Bitcoin wird. Einer der größten Vorteile von Decentraland ist, dass es den Nutzern den vollständigen Zugriff auf ihre virtuellen Vermögenswerte und Immobilien ermöglicht. Diese Eigenschaft unterscheidet es von anderen Virtual-Reality-Systemen auf dem Markt.

Das erwirtschaftete Geld und die Menschen, die ihr Land nutzen, werden von den Eigentümern der Immobilien in der digitalen Welt einbehalten. Dies unterscheidet sich von anderen Systemen, da es einen Anteil am Gewinn beinhaltet. Da der Plan dezentralisiert ist, gibt es keine zentrale Behörde, die ihn im herkömmlichen Sinne beaufsichtigt oder kontrolliert. Daher ist der Kauf von virtuellem Land im Decentraland Metaverse eine fantastische langfristige Investition.

Der Kauf und Verkauf von Grundstücken auf Decentraland ist mit einem gewissen finanziellen Risiko verbunden.

Es besteht in der Tat eine monetäre Gefahr. Seien Sie also bitte vorsichtig. Langfristig kann der Wert von Grundstücken sinken. Das System befindet sich noch im Anfangsstadium und hat sich noch nicht allgemein durchgesetzt. Angesichts der derzeitigen Trends ist es jedoch zweifelhaft, dass die Grundstückspreise in naher Zukunft deutlich sinken werden. Jetzt wäre ein guter Zeitpunkt, um zu investieren, wenn es einen Markt dafür gibt. Decentraland ist zweifellos eine der Top-Münzen, auf die man achten sollte, wenn sich das Metaverse entwickelt.

3. STAR ATLAS

Wann hat Ihrer Meinung nach das letzte Mal ein AAA-Spiel seine Roadmap öffentlich gemacht, ein Spiel iterativ veröffentlicht und sich mit Blockchain-nativen Verkäufen beschäftigt? Richtig, noch nie. Was ist Star Atlas?

Mit seiner offenen Welt, der Erforschung des Weltraums und den Elementen der großen Strategie, die in einem alternativen Universum angesiedelt sind, ist Star Atlas ein MMORPG, das die Eigenverantwortung des Spielers und die Spiel- und Lernfunktionen in seiner galaktischen Umgebung betont. Die Spieler steuern Schiffe und nehmen an Handel, Gewerbe und Kämpfen mit anderen Spielern um begrenzte Ressourcen teil. Das Unternehmen möchte ein AAA-Spiel entwickeln, das die Solana-Blockchain nutzt. Dieses Tier-1-Blockchain-System kann mehr als 50.000 Transaktionen pro Sekunde verarbeiten. Dies wird entscheidend sein, um die großen Mengen an Transaktionen im Spiel zu bewältigen, in dem die Spieler Minen abbauen und erforschen, Steuern zahlen und mit Vermögenswerten handeln werden - all das wird von Solana betrieben und über Serum, eine dezentrale Börse, abgewickelt.

Die größte Ambition des Spiels ist es, dies zu sein:

- Ein Weltraum-Fantasy-Rollenspiel mit einer Echtgeld-Wirtschaft und NFT-Vermögenswerten.
- Ein großes Strategiespiel, bei dem es um Politik, Handelswege und wirtschaftlich produktive Gebiete geht.
- Eine virtuelle 24/7-Wirtschaft, in der die Nutzer in Echtzeit zusammenkommen können, um Handel zu treiben, Verträge zu schließen und sich am Kampf zu beteiligen.

Es ist möglich, eine komplett realistische 3D-Welt mit filmreifen Grafiken, die von der Unreal Engine's Nanite gesteuert werden, in der virtuellen Realität zu erkunden.

Star Atlas hat von dem enorm heißen Fundraising-Markt für Blockchain-Spiele profitiert. Darüber hinaus gab das Unternehmen Animoca Brands als einen seiner Anteilseigner bekannt, veranstaltete Stadthallen und veröffentlichte einen Blockbuster-Teaser für das mit Spannung erwartete Spiel. Dies korrespondiert mit der ersten Runde des Vorverkaufs ihres nicht-fungiblen Tokens (NFT) und dem Start ihres Galactic Asset Offering (GAO) (GAO).

Darüber hinaus besteht ein wesentlicher Teil der Attraktivität von Star Atlas darin, dass die Spieler das Gefühl haben, Eigentümer eines Videospiels zu sein, während sie gleichzeitig ihre Fähigkeiten, ihren

Enthusiasmus und ihre Bemühungen zu Geld machen können. Star Atlas ist für viele Spieler verlockend, die davon träumen, ihren Lebensunterhalt in einer fesselnden Videospielwelt zu verdienen. Ein Spieler kann Geld verdienen, indem er Händler bestiehlt und dann seine gestohlenen Waren für $ATLAS (Star Atlas' Token) auf dem Marktplatz verkauft und diese $ATLAS in Fiat-Geld umtauscht.

Wesentliche Merkmale

Territorium und Erkundung

Star Atlas ist ein Spiel über den Weltraum und räumliche Erkundung. Zu Beginn starten die Spieler in einer Ecke der Karte. Sie werden die sichtbaren Sterne nach himmlischen und irdischen Wertgegenständen untersuchen. Diese Rohstoffe können veredelt, getauscht und verkauft werden, wie jede andere Ware auch. Wer in die Mitte der Karte reist, wird belohnt, aber mit der Belohnung kommt auch das Risiko: Spieler können ihre hart verdienten Reichtümer verlieren, wenn sie nicht schnell genug handeln. Das Reisen und der Transport von Dingen in Star Atlas braucht Zeit, was neue Märkte für Logistik, Fracht und sogar Infrastruktur, wie z. B. Brücken, eröffnet.

Eine virtuelle Wirtschaft und Gesellschaft, die stark und widerstandsfähig ist

Zu den geplanten Funktionen von Star Atlas gehört eine komplexe virtuelle Wirtschaft, in der die Spieler wirtschaftliche Entscheidungen über Frachttransport, Reisen, Treibstoffmanagement und Verteidigungsanlagen treffen können. Laut dem Whitepaper können die Spieler im Spiel durch verschiedene Rollen Geld verdienen. Hier ist eine Auswahl dessen, was Sie erwarten können: CEO, Kopfgeldjäger, Reparatur, Fracht, Rettung, Raffineure, Bergleute, Manager". "Manager sind dafür verantwortlich, dass die Ressourcen effizient genutzt werden, um Werte und Nutzen zu schaffen", so die Autoren eines Wirtschaftsartikels über das Metaverse. Kraftwerksleiter und Bergungsarbeiter sind zwei Beispiele für Berufe mit Managementcharakter".

Star Atlas Kryptowährung Token

$ATLAS und $POLIS sind die beiden Hauptwährungen, die von Star Atlas angeboten werden. $ATLAS ist eine aufblasbare Währung, die für den Verkauf von Assets im Spiel gedacht ist. Gleichzeitig ist $POLIS ein Wertaufbewahrungsmittel mit geringer Umlaufgeschwindigkeit und festem Vorrat (wir haben dieses Modell bereits bei den $SLP und $AXS von Axie Infinity gesehen). Während

$ATLAS im Spiel durch Kämpfe und Erkundung erworben (und ausgegeben) wird, ermöglicht es $POLIS den Spielern, Weltraumstädte zu besitzen und zu verwalten. Es spiegelt auch eine finanzielle Investition in das Spiel und die Entscheidungsbefugnis über spielinterne Themen wie Grundsteuersätze wider.

Star Atlas strebt danach, eine physische Verkörperung der Blockchain zu sein, nicht nur in der Funktion, sondern auch im Aussehen. In seinem Whitepaper definiert Star Atlas den grundlegenden Mechanismus des Spiels: den Mining. Sie stecken himmlische und irdische Grundstücke ab und beginnen dann mit dem Abbau der Ressourcen. Dies geschieht mit einem NFT-Schiff. Ein dezentraler Austausch (Serums On-Chain-Orderbuch) wird für den Handel mit allen von Ihnen produzierten Vermögenswerten verwendet. Auf diese Weise kann Star Atlas seine Entwicklung unterstützen, indem es potenziell einen Anteil an den Sekundärverkäufen erhält und gleichzeitig die Einzigartigkeit der Spieler-Assets schützt, indem es sicherstellt, dass keine Assets jemals repliziert oder zerstört werden können.

Die Zukunft von Star Atlas

Der jüngste NFT-Schiffsverkauf von Star Atlas hat dem Unternehmen zwar mehr als 20.000.000 Dollar eingebracht, aber es gibt noch viel zu tun. Die Blockchain wird Star Atlas dazu zwingen, graue Märkte offen zu halten. Im Gegensatz dazu hat Star Citizen über mehrere Jahre hinweg viele Finanzierungsrunden durchgeführt und sich bewusst zurückgehalten. Das bedeutet, dass jeder Spieler, der mit dem Spiel unzufrieden ist, aussteigen und sein Geld mitnehmen kann. Sie beabsichtigen, die aus den Schiffsverkäufen eingenommenen USD in einen automatischen ATLAS: USDC Market Maker einzuzahlen, der sich derzeit im Aufbau befindet. Damit steht dieses Geld den Spielern zur Verfügung, die ihre Spielwährung gegen andere digitale Güter eintauschen möchten.

Darüber hinaus hat Star Atlas hochkarätige Unterstützung aus verschiedenen Quellen erhalten, darunter Animoca Brands, Serum und Moonwhale Ventures. Sie werden ihre DeFi- und NFT-Spielexpertise zur Verfügung stellen, um Star Atlas auf das höchstmögliche Niveau zu bringen.

Darüber hinaus hat das Unternehmen mit Sperasoft einen bedeutenden AAA-Spielepartner, der unter anderem an bemerkenswerten Titeln wie Star Wars: The Old Republic, Star Wars: Battlefront II und zuletzt Halo Infinite mitgewirkt hat. Sich auf einen Partner mit AAA-Entwicklungserfahrung verlassen zu können, wird für Star Atlas' langen Weg entscheidend sein. Die jüngste Aufstockung des Unternehmens könnte ihnen helfen, zusätzliche Ressourcen für die Entwicklung des Star Atlas-Universums bereitzustellen.

Star Atlas beabsichtigt, sein Spiel in Teilen zu veröffentlichen. Der erste Teil begann am Montag mit der ersten Runde des Galactic Asset Offering (GAO), in der Schiffe auf dem von Serum betriebenen Marktplatz versteigert wurden.

Sternatlas-Roadmap

Der CEO von Star Atlas, Michael Wagner, erklärte, dass Spieler und Mitglieder der STAR ATLAS-Community ab November 2021 mit der zweiten Phase Geld verdienen können: ein Web-Minispiel, das es den Nutzern ermöglicht, einige ihrer Assets zu verwenden, und dass bis Ende des Jahres eine immersive 3D-Umgebung zur Erkundung verfügbar sein wird.

Die Spieler machen sich mit den Spielmechanismen vertraut und bleiben auch nach der Veröffentlichung am Spiel beteiligt. Normalerweise dauert es bei AAA-Spielen zu lange, bis sie von ihren Spielern und der Spielergemeinschaft Input erhalten. Acht Millionen Vorbestellungen für Cyberpunk 2077 basierten nur auf Vorfreude und Trailern, bevor die Spieler die Chance hatten, auch nur eines der Gameplay-Elemente zu sehen.

Der Ansatz von Star Atlas rund um die Veröffentlichung stellt den konventionellen, geheimnisvollen Entwicklungsprozess auf den Kopf: Es werden öffentliche Informationen über Gameplay-Mechanismen angeboten, die Vorverkäufe werden vermarktet und eine 58.200 Personen große Discord-Gruppe wird eingerichtet. Das hat seine Vorteile. Die Spieler können beginnen, in das Universum einzutauchen, Rollen im Discord zu übernehmen (Söldner, Kopfgeldjäger, CEO...) und Allianzen und Gilden zu schmieden. Sie können sich sogar von anderen potenziellen Spielern beim Einstieg in die Kryptowelt unterstützen lassen und sich gegenseitig für das Spiel interessieren.

Wenn Sie auf der Landing Page auf Jetzt spielen klicken, gelangen Sie zu ihrem Marktplatz. Die Gründer haben erklärt, dass ihre Wirtschaft und das Spekulieren und Handeln eine wichtige Spielkomponente sein werden. Es könnte jedoch ein besorgniserregender Indikator sein, wenn die Spieler mehr daran interessiert sind, Schiffe zu flippen als sie zu fliegen. Außerdem könnten konventionelle Spieler desinteressiert werden, wenn sie mit der Aussicht auf Zahlungen und Handel konfrontiert werden, noch bevor sie das Spiel betreten.

Star Atlas wird das erste AAA-Spiel sein, das zeigt, wie NFTs und das Eigentum an digitalen Vermögenswerten die Entwicklung und den Betrieb von Spielen finanzieren können. Indem sie die dominierende Liquiditätsquelle von $ATLAS und $POLIS sind, sollten sie die Entwicklung des Spiels unterstützen. Dies wird ein bedeutender Schritt in Richtung Legitimierung von Play-and-Earn als tragfähiges Geschäftsmodell für Spieleentwickler und -verleger sein.

Star Atlas ist ein enorm faszinierendes Projekt, aber mit großem Potenzial geht auch ein erhebliches Risiko einher. Wenn es richtig gespielt wird, kann Star Atlas den Spieleentwicklern zeigen, wie sie die digitale Knappheit nutzen können, um das Spielerlebnis zu verbessern, indem sie ein spielerisches Metaverse anbieten, in dem sie Belohnungen für ihre Bemühungen gewinnen können. Um diese Idee zu verwirklichen, müssen das 55-köpfige Produktionsteam, die Partner Hydra Studios und Sperasoft sowie die 58.200 Mitglieder zählende Discord-Community zusammenarbeiten.

4. ILLUVIUM

AAA-Blockchain-Spiele scheinen der Fokus für Metaverse-Kryptomünzen zu sein. Illuvium ist ein solcher Token.

Illuvium ist eine Mischung aus einem Open-World-Rollenspiel und einem Auto-Battler, mit einer Wirtschaft, die auf sammelbaren NFTs und Ressourcenabbau als Haupteinnahmequellen basiert.

Wird Illuvium das erste AAA-Blockchain-Spiel sein? Das ist es, was Kieran und Aaron Warwick, die Mitbegründer des Unternehmens, anstreben.

Eine solche Behauptung wurde in der kurzen Geschichte des nicht-traditionellen Glücksspiels (NFT) schon oft aufgestellt. Auf der anderen Seite hat Illuvium seit 2020 ein beachtliches Tempo vorgelegt.

In nur sechs Monaten erreichte das Spiel den Meilenstein von 100.000 Discord-Abonnenten. Darüber hinaus stieg der Wert des ILV-Tokens zwischen Juli 2021 und Oktober 2021 von 30 $ auf 700 $, dank der Einführung des Tokens an großen Börsen wie CoinSpot.

Das von Illuvium versprochene Spielerlebnis und die Tokenomics des Spiels sind noch detaillierter als sonst.

 Kann Illuvium eines der besten NFT-Spiele des Jahres 2021 werden?

Illuvium soll im ersten Quartal 2022 in die offene Beta gehen. Das ist jedoch bereits eine Verzögerung gegenüber dem dritten Quartal 2021. Soweit wir aus dem begrenzten Video, das ab September 2021 verfügbar ist, erkennen können, scheint das Erscheinungsdatum Q1 2022 unrealistisch.

Nicht jede Region stellt die gleiche Herausforderung dar oder ist überhaupt zugänglich. Es gibt ein kostenloses Basis-Reich der Stufe 0, das von jedem erkundet werden kann, der dies möchte. Er hilft dir, dich mit den Spielmechaniken und dem Konzept des Aufspürens und Sammelns von Illuvial vertraut zu machen. Ihr könnt kostenlos Shards abbauen, mit denen ihr die grundlegendsten Illuviale im Spiel erbeuten könnt.

Wenn Sie jedoch in die Tier 1 und höhere Regionen aufsteigen wollen (es scheint, dass es bis zu Tier 5 geht), müssen Sie etwas Geld dafür ausgeben. Sie werden Ihre Zahlung in Ethereum (ETH) machen.

Welche Medienformate werden von Illuvium unterstützt?

Obwohl man PC und vielleicht Mac einschließen kann, gibt es keine Ankündigungen bezüglich der Formate. Illuvium: Zero ist ein mobiles Spin-Off-Spiel, das sich derzeit in Entwicklung befindet. Das aktuelle Ziel ist es, unterwegs Ressourcen für das Hauptspiel abzubauen.

Was ist die Prämisse von Illuvium?

Illuvium beginnt mit einem sehr bekannten Adventure-Thema.

In Illuvium schlüpfen Sie in die Rolle eines Mitglieds der intergalaktischen Raumflotte, das sich in einer dramatischen Lage befindet. Ihr Schiff hat eine Bruchlandung auf einem von einer Katastrophe heimgesuchten Planeten gemacht. Der Ozean hat den größten Teil des Landes verschluckt, und das wenige Land, das noch übrig ist, wird von Naturkatastrophen heimgesucht. Riesige Obelisken, die von früheren Bewohnern errichtet wurden, haben den Zugang zu einigen Orten vollständig versperrt, und riesige Obelisken haben den Zugang zu anderen komplett blockiert.

Ihr Ziel ist es, herauszufinden, was diese Katastrophe ausgelöst hat, und auf dem Weg dorthin die Obelisken freizuschalten. Dazu müssen Sie den Boden nach Shards abbauen, mit denen Sie Illuviale einfangen und unterwerfen können, damit sie als Soldaten in Ihrer Privatarmee eingesetzt werden können.

Illuvial sind gottähnliche Kreaturen, die diesen namenlosen Planeten bewohnen, von Strahlung angetrieben werden und Wunder vollbringen. Man kann sie sich so vorstellen, dass sie der Pokémon-Franchise sehr ähnlich sind. Zumindest hat Pokémon einen kräftigen Tritt ins Schienbein bekommen und dabei einige der kitschigen Nintendo-Lüsterne entfernt.

Zu Beginn des Spiels haben Sie die Möglichkeit, das Aussehen Ihres Charakters individuell zu gestalten. Als Bonus haben Sie die Möglichkeit, eine Drohne auszuwählen, die Sie auf Ihrer Suche als Handlanger begleitet. PSD steht für Polymorphic Subordinate Drone und ist eine Art von Drohne.

Illuvium bezeichnet sich selbst als Open-World-Rollenspiel, was es in Bezug auf den Umfang auf eine Stufe mit Titeln wie The Elder Scrolls oder Cyberpunk 2077 stellt. Wenn es AAA wäre, meine ich. Frühes Bildmaterial zeigt eine 3D-Welt mit riesigen Umgebungen, die mit einer angemessenen Menge an Details ausgestattet sind und eine angemessene Menge an Details aufweisen. Sie wurde mit der Unreal

Engine 4 erstellt, einer Middleware-Lösung, die für diese Art von Spiel außergewöhnlich robust ist. Außerdem erinnert das Farbschema an das beliebteste Spiel, das auf dieser Engine basiert, Fortnite.

Obwohl die Gründer eine Vielzahl von Schauplätzen versprochen haben, haben sie bisher nur einige wenige Einblicke in deren Aussehen - hauptsächlich in Form von Konzeptzeichnungen - veröffentlicht.

Im Internet wurde ein Film von einer kargen, felsigen Insel, umgeben von Stränden und Meer, veröffentlicht. Für ein Spiel, das eine offene Welt sein soll, wirkt sie jedoch fade und linear. Darüber hinaus wurde ein Tag-Nacht-Zyklus vorgeschlagen.

Die Reise durch die Oberwelt erfolgt zu Fuß oder über die Obelisken, die über den gesamten Globus verteilt sind. In der Nähe dieser Obelisken befinden sich auch Städte, in denen Sie neue Ausrüstung bauen können und die Ihnen als Zufluchtsort vor Illuvial dienen.

Beim Durchqueren des Geländes stößt man auf Illuviales, also Kreaturen, die an Land leben. Es handelt sich dabei nicht um frei umherziehende Kreaturen, sondern um solche, die aus der Erde kommen und gehen. Das ist eine schicke Umschreibung dafür, dass sie bei zufälligen Kämpfen einfach aus dem Nichts auftauchen. Diese Spielmechanik findet sich auch in alten Pokémon und Final Fantasy-

Spielen. Du kannst sie nicht aufspüren, wie du es bei Monster Hunter tun würdest.

Du kannst mit Illuvial in den Kampf ziehen. Wenn du siegreich bist, hast du die Möglichkeit, sie in einem Splitter zu fangen.

Angenommen, du versuchst, ein Illuvial zu fangen. In diesem Fall hängen deine Erfolgschancen von zwei Faktoren ab: den Fähigkeiten deines Shards und der Macht des Illuvials, das du zu fangen versuchst. Gefangene Illuviale werden Teil deiner Sammlung, die du in zukünftigen Kämpfen einsetzen kannst. Je besser und stärker deine Gruppe ist, desto weiter kannst du in den verschiedenen Levels des Spiels vorankommen.

<u>Was sind Illuviale, und wie funktionieren sie?</u>

Das Illuvial ist das Pokémon dieser Welt, und es hat sehr viel Macht. Man könnte sie auch die Achse nennen. Es gibt über 100 zu sammeln, was ein wenig wenig zu wenig ist. Pokémon Schwert und Schild hatte zum Beispiel 400 Punkte. Die Illuvial werden in eine von fünf Affinitäten (Wasser, Erde, Feuer, Natur und Luft) und fünf Klassen (Wasser, Erde, Feuer, Natur und Luft) eingeteilt (Kämpfer, Wächter, Schurke, Psion und Empath). Außerdem können sie drei Lebensphasen durchlaufen, vom Jungtier bis zur Gottheit, in denen sie aufsteigen können.

Wenn du im Laufe des Spiels auf seltenere und mächtigere Illuvials triffst, wirst du jedoch feststellen, dass sie verschiedene Affinitäten und Klassen haben können. Es ist auch möglich, drei voll ausgebildete Illuvials zu fusionieren, wodurch neue Varianten mit selteneren Kräften entstehen. Das Spiel belohnt auch Spieler, die umfangreiche Sammlungen von Illuvials anhäufen, die einander ähnlich sind, so dass sie "Synergien" bilden und ihre Fähigkeiten verstärken können.

In der Fotografie kommt es selten vor, dass ein zusätzlicher Kurvenball in den Mix kommt. Die Verwendung eines Shards erhöht die Wahrscheinlichkeit, dass er in eine glänzende, regenbogenfarbene oder holoartige Form mutiert, die im Laufe der Zeit immer seltener wird. Diese Modifikationen verändern das Aussehen des Shards und erhöhen seinen Wert in den Augen des NFT-Besitzers.

Dieses Fangverfahren scheint auf dem Papier eine interessante (wenn auch nicht einzigartige) Tiefe zu haben, was es erwähnenswert macht. Während diejenigen, die auf der Suche nach einigen ungewöhnlichen (sprich: wertvollen) NFTs sind, sich auf das Fusionskonzept freuen können, werden Illuvials auch während des Kampfes aufsteigen, so dass sie sich möglicherweise verbessern werden, wenn sie im Spiel eingesetzt werden, was etwas ist, worauf man sich beim Fusionskonzept freuen kann.

Jedes Mal, wenn Sie ein Illuvial erobern, wird in Ihrem Konto eine NFT angelegt. Es ist möglich, ein Illuvial zu entwickeln, indem man drei NFTs miteinander verbindet; dabei werden jedoch die drei bestehenden NFTs zerstört. Es ist jedoch unklar, ob das Ergebnis einer Fusion zufällig oder gewollt ist.

Wie ist das Kampfsystem in Illuvium?

Es ist kein Zufall, dass die Kämpfe von Illuvium vom Auto-Battler-Genre inspiriert sind, einer neuen Spielerfahrung, die erst vor ein paar Jahren an Bedeutung gewonnen hat. Auto Chess war das Spiel, mit dem dieser Trend begann. Dennoch sind Dota Underlords, Hearthstone Battlegrounds und Teamfight Tactics wichtige Bestandteile der Liste.

Bei einem Auto-Battler handelt es sich um ein Videospiel, bei dem Sie die eigentliche Schlacht nicht direkt in Echtzeit steuern. Stattdessen geht es nur um Teamwork und Zeitplanung. Nutze deine Illuvials in diesem Szenario, um genau zu sein. Welche Art von Illuvials haben Sie angehäuft? Welche Methoden haben Sie eingesetzt, um sie zu verbessern und mit Ressourcen zu versorgen? Die Anzahl, der Rang, die Klasse und die Art der von Ihnen gebildeten Mannschaft sind entscheidend, aber wie interagieren sie miteinander? Jeder Illuvial hat einen grundlegenden, kritischen und letzten Angriff, der ebenfalls berücksichtigt werden muss.

Dann müssen diese Techniken natürlich auch unter Berücksichtigung der Vor- und Nachteile des Gegners bewertet werden.

Illuvium Vs. Pokemon.

In diesem Sinne ähnelt das Gameplay stark dem eines Kartensammelspiels (CCG). Alternativ dazu könnte es auch ein Pokémon-Titel sein. Bei einem automatischen Kämpfer hingegen können Sie, nachdem die Figuren (sprich: Illuviale) auf dem Schlachtfeld platziert wurden, zurücktreten und passiv beobachten, um festzustellen, ob Ihre Strategie vor dem Kampf erfolgreich war. Es ist noch nicht klar, wie viele Kämpfer Sie in jeden Kampf mitnehmen können, aber Screenshots zeigen, dass Sie acht Illuvial erhalten werden.

Zu guter Letzt ist es wichtig, daran zu denken, dass der Spielercharakter immer auf dem Schlachtfeld ist. Während der Spieler im Kampf nur Zuschauer ist, nimmt sein Avatar aktiv teil. Er kann Ihrem Illuvial-Team Affinitäts- und Klassenauren hinzufügen, die die Attribute Ihrer versammelten Gruppe von Illuvial verbessern werden.

Außerdem gibt es die Möglichkeit, Ihren Charakter mit einem Illuvial zu verbinden, was noch mehr zusätzliche Boni gewährt. Dies wurde noch nicht vollständig erklärt, aber es wird vorerst als semipermanent beschrieben. Das deutet darauf hin, dass man auf diese Weise zwar mehr Illuviale erbeuten kann, weil man ein stärkeres Team hat, dass dies aber auch den Wert dieser NFT mindern oder sogar dazu führen kann, dass sie als Opfer verbrannt wird.

Aus dem Mining stammende Ressourcen

Ihre Drohne wird eingesetzt, um Mineralien von der Oberfläche des Planeten abzubauen. Es ist möglich, Erz, ungehärtete Shards und Juwelen zu finden, die alle von unterschiedlicher Seltenheit sind. Mit ihnen lassen sich neue Rüstungen und Waffen herstellen und die bereits vorhandenen verbessern. Die Änderungen, die du hier vornimmst, wirken sich auf die Auren aus, die dein Spielercharakter im Kampf ausstrahlt, und beeinflussen die Verstärkungen, die deine Illuvien erhalten.

Sie können auch organische Materialien von den Bäumen ernten, die überall auf der Erde zu finden sind. Diese können direkt an Illuvials weitergegeben werden, um sie im Kampf zeitlich begrenzt zu verbessern. So kannst du zum Beispiel giftigen Glibber sammeln, der die Angriffswerte von Illuvial erhöht.

Welche Arten von Spielmodi gibt es?

Bei der Premiere des Spiels wird nur ein Modus verfügbar sein: Der Abenteuermodus. Ein großer Teil des oben beschriebenen

Gameplays findet in diesem Modus statt. Wir können davon ausgehen, dass nach der Einführung des Spiels zwei Kampfarena-Modi veröffentlicht werden: Rangliste und Leviathan. Ersterer gleicht das Spielfeld für fähigkeitsbasierte Kämpfe aus, während letzterer das Gegenteil tut. Letzterer ist ein Spiel für alle, bei dem man jede beliebige Sammlung mitbringen kann, die man teilen möchte.

Es ist erwähnenswert, dass der Schöpfer erklärt hat, dass er beabsichtigt, Wetten im Spiel in der Kampfarena und im Arena-Modus zuzulassen. Es wird interessant sein zu sehen, wie die Regierungen weltweit darauf reagieren werden!

Was sind Shards?

Wie du sicher schon vermutet hast, sind Shards das Illuvium-Äquivalent zum Pokéball. Es ist notwendig, sie in ungehärteter Form aus dem Boden zu holen. Die Qualität des Shards, den du gewinnst, ist zufällig, was die Stärke angeht - oder anders ausgedrückt: Je stärker der Shard, desto seltener ist er. Um mächtige Illuviale zu fangen, brauchst du mächtige Shard. Wenn du dich also ohne ein paar gute Splitter auf den Weg machst, besteht die Möglichkeit, dass du auf ein Illuvial triffst, das du nicht fangen kannst.

<u>**Wer steckt hinter der Entwicklung von Illuvium?**</u>

Leider hat sich der Entwickler von Illuvium dafür entschieden, anonym zu bleiben, wie es auch bei vielen anderen Entwicklern im Bereich NFT und Blockchain-Gaming der Fall war. Außerdem ist dies in der Regel ein roter Indikator in meinem Buch. Weitere Bedenken kommen auf, wenn man sich die beiden Mitbegründer ansieht. Kieran und Aaron Warwick sind Brüder aus Sydney, Australien, die keine Erfahrung in der Spieleproduktion haben.

Kieran, der erste, ist ein erfolgreicher Unternehmer. Aaron hat trotz seiner langjährigen Erfahrung als begeisterter Programmierer noch nie in einer Spieleentwicklungsumgebung gearbeitet. Die übrige Mannschaft hat insgesamt relativ wenig nennenswerte Spielerfahrung. Nate Wells, ein ehemaliger Mitarbeiter von Irrational Games (BioShock), Crystal Dynamics (Tomb Raider) und Arkane Studios (Dishonored), ist der einzige nennenswerte Name auf der Liste. Er ist nur in beratender/produzierender Funktion tätig.

Das schließt nicht aus, dass sie ein fantastisches Spiel entwickeln können. Dennoch sollte man jedem Erstentwickler gegenüber skeptisch sein, der behauptet, NFT-Spiele durch die Veröffentlichung eines AAA-Titels zu revolutionieren.

Das Spiel wird auf der beliebten Middleware-Lösung Unreal Engine 4 entwickelt. Die Tokenomics sind alle in der Ethereum ERC-20-

Blockchain verankert, nur um das klarzustellen. Immutable X beaufsichtigt den Handel mit nicht-finanziellem Handel (NFT).

Wie man auf Illuvium Geld verdient

Da es sich um ein Spiel ohne Finanztransaktionen handelt, besteht die wichtigste Möglichkeit, in Illuvium Geld zu verdienen, im Sammeln und Verkaufen von hochwertigen Illuvial. Um jedoch an die wertvollsten und seltensten Illuvialien zu gelangen, muss der Spieler tief in die Spielwelt eintauchen.

Um dies zu erreichen, müssen die Spieler rirrf3ri-Shard aus dem Land der Welt abbauen und dabei Erze und Edelsteine freilegen, die zur Aufwertung und Verbesserung der Ausrüstung verwendet werden können, und organische Ressourcen von Pflanzen ernten, die unter anderem Buffs für den Kampf liefern können. All dies geschieht, während du ein Illuvial-Team fängst, auflevelst und fusionierst, das in der Lage ist, die seltensten (sprich: wertvollsten) Kreaturen, die du finden kannst, zu bekämpfen und zu fangen.

Dementsprechend können Spieler gesammelte Ressourcen, selbst hergestellte Waffen und Ausrüstungsgegenstände oder geringere Illuviale an andere Spieler auf den dafür eingerichteten Märkten verkaufen. Die Transaktionen im Spiel zwischen den Spielern werden ausschließlich mit dem ILV-Token abgewickelt. IlluviDEX ist der Name des Marktplatzes, auf dem all diese Transaktionen stattfinden, und Immutable X. betreibt ihn. Dabei handelt es sich um eine Schicht-2-Ethereum-Transaktionsmaschine eines Drittanbieters, die die Übertragung von NFTs ohne Gas ermöglicht.

Außerdem ist zu beachten, dass es im Ökosystem des Spiels nur eine begrenzte Anzahl von Illuvialen gibt. Je mehr von einer Art entdeckt wird, desto schwieriger wird es, sie zu finden.

Es gibt jedoch Pläne, in Zukunft weitere Gebiete und Illuvial einzubeziehen. Es wird spannend sein zu beobachten, wie sie mit der Aufnahme neuer Inhaber umgehen, ohne die bestehenden Inhaber abzuschreiben oder zu verärgern.

Auch wenn es zum Start nicht verfügbar sein wird, werden die Spieler schließlich Wetten auf Ranglistenkämpfe in den Kampfarenen abschließen. Es scheint jedoch, dass die Landkäufe mit dem mobilen Ableger Illuvium: Zero zu tun haben, wie die Tatsache zeigt, dass sie auf der Website als "in Kürze" aufgeführt sind.

<u>Wie viel kostet die Teilnahme an den Veranstaltungen von Illuvium?</u>

Während der Handel im Spiel zwischen den Spielern mit ILV-Token durchgeführt wird, werden alle Transaktionen zwischen dem Spiel und seinen Spielern über die Ethereum-Blockchain abgewickelt. Sie werden niemals ILV benötigen, um am Spiel teilzunehmen.

Es gibt zwei Methoden, mit denen Illuvium einem Spieler Ethereum wegnehmen kann. Die erste ist, dass sie eine 5-Prozent-Gebühr für jede Transaktion zwischen zwei oder mehr Spielern erheben. (Eine zusätzliche Gebühr von 0,5 Prozent wird erhoben, die zwischen Immutable X und dem Nutzer aufgeteilt wird).

Gegenstände im Spiel können durch den Kauf von Gegenständen im Spiel erworben werden. Im Folgenden sind die fünf Dinge aufgeführt, die Sie mit ILV-Münzen kaufen können:

Shard Curing

Die Shard Curing ist eine Technik, mit der abgebaute Shards in Illuvial-einnehmende Shards umgewandelt werden.

Reisen

Einen Obelisken benutzen, um zwischen verschiedenen Orten zu reisen.

Crafting

Wenn Sie schnell zu besseren Geräten kommen wollen, ist dies der richtige Weg.

Kosmetika

Wenn du auf Glitzer und Aussehen stehst, ist das genau das Richtige
für dich.

Wiederbelebung

Wenn Sie nicht warten wollen, bis ein verwundetes Illuvial wieder
gesund ist, können Sie ETH verwenden, um den Vorgang zu
beschleunigen. Diese Taktik erinnert an die furchtbaren
Monetarisierungsmethoden in Handyspielen.

Zum jetzigen Zeitpunkt ist unklar, wie viel es in ILV kosten wird,
einen Splitter zu heilen, aber dies ist der Kern der
Monetarisierungsstrategie des Spiels. Ohne Shards können Sie kein
Illuvial erobern.

Tokenomics von Illuvium

Bei vollständiger Verwässerung wird die maximale Anzahl der auf
dem Markt gehandelten ILV-Münzen 10.000.000 betragen. Vor dem
Debüt des Spiels werden 9.000.000 Münzen im Umlauf sein, wobei
die letzte Million Münzen als Anreize im Spiel und für gewonnene
Turnierspiele verteilt werden. Die DAO hat bereits 1.500.000 weitere
Münzen in ihrer Schatzkammer, mit denen Spieler für das Erreichen

von Spielzielen und die Teilnahme an Turnieren belohnt werden sollen.

Während des Seedings werden 2.000.000 ILV-Token geliefert, die im März 2022 freigeschaltet werden und dann im nächsten Jahr jeden Monat mit einer Rate von einem Zwölftel Prozent verteilt werden. Es ist außerdem geplant, die 1.500.000 ILV-Token, die sich zu diesem Zeitpunkt im Besitz des Teams befinden, in den nächsten drei Jahren mit einer Rate von 1/36 pro Monat zu verteilen.

Illuvium Tokenomics ist eine neue Art der Wirtschaft. Zum Zeitpunkt des Verfassens dieses Artikels werden derzeit weitere 3.000.000 Token für eine 12-monatige Sperrfrist (Juni 2017) im Yield Farming weggesperrt.

Wer ILV kauft, hat die Möglichkeit, sie an zwei Orten einzusetzen. Einerseits wird erwartet, dass der direkte ILV-Pool eine jährliche prozentuale Rendite von 85 Prozent (APY) einbringt. Andererseits gibt es einen sekundären LV/ETH Sushi Liquidity Pool auf Sushi.com - wo man sowohl ETH als auch ILV 1:1 einsetzen muss - wo man mehr Geld investieren kann. Dies führt zu einer jährlichen Rendite von 600 Prozent auf die kombinierte Summe.

Da die Token-Besitzer jedoch die Möglichkeit haben, ihren Anteil vorzeitig zu beanspruchen, indem sie ILV in sILV umwandeln, wird der endgültige Pool von 10.000.000 ILV-Tokens möglicherweise nie erreicht. Die Ausgabe dieses synthetischen alternativen Tokens im Spiel, der einen Wert von 1:1 zum Haupttoken hat, ermöglicht es Personen, die ihre ILV eingesetzt haben, dies zu tun, bevor ihre Gelder freigeschaltet werden. Alle ILV, die bei diesen Transaktionen verwendet wurden, wurden vernichtet.

Inhaber von ILV erhalten eine vollständige Rückerstattung aller durch das Illuvium-Spiel erzielten Gewinne, einschließlich Zinsen.

Das Illuvium-Verteilungssystem

Illuvium ist eine DAO.

Der Illuminatenrat wird alle drei Monate gewählt, wobei fünf Mitglieder der Gemeinschaft aus dem Kreis derer, die sich zur Wahl gestellt haben, in diese Positionen gewählt werden. Die Quadratwurzel des ILV-Anteils einer Person wird verwendet, um ihr Stimmrecht zu bestimmen. Eine ILV entspricht also einer Stimme, 36 ILV entsprechen sechs Stimmen usw. Auf diese Weise soll eine zu starke Dominanz von Walen und Seedern vermieden werden.

Der Rat ist befugt, "technische Änderungen zu diskutieren und zu destillieren" und die Aufteilung der 1.500.000 ILV zu erwägen, die derzeit in der Schatzkammer lagern. Alle Änderungen des Protokolls, die als Illuvium Improvement Proposals bekannt sind, müssen von einer Mehrheit genehmigt werden, um umgesetzt zu werden.

<u>**Wo kann man Iluvium kaufen?**</u>

Sie können Illuvium derzeit an den folgenden Kryptowährungsbörsen kaufen:

CoinSpot

CoinSpot ist eine australische Kryptowährungsbörse, die es einfach macht, mehr als 290 verschiedene Kryptowährungen zu kaufen, zu verkaufen und zu handeln.

Binance

Diese Kryptowährungsbörse wurde im Jahr 2014 gegründet. Binance ist die größte Kryptowährungsbörse weltweit in Bezug auf das Handelsvolumen. Beginnen Sie mit gebührenfreien AUD-Einzahlungen und -Abhebungen in Australien. Profitieren Sie von minimalen Handelskosten, einer breiten Palette von Kryptowährungen und einem lokalen Kundenservice, der 24 Stunden am Tag verfügbar ist.

Cointree

Diese Kryptowährungsbörse ist in den Vereinigten Staaten tätig. Andere Börsen, wo Sie Illuvium kaufen können, sind:

- KuCoin
- Krypto.de

- Tor.io
- OKEx
- Bithumb Kryptowährung
- Hotbit Kryptowährungsbörse

Was ist Illuvium: Zero, und wie funktioniert es?

Illuvium: Zero ist ein Spin-Off-Titel der Illuvium-Reihe, der 2022 für mobile Geräte erscheinen wird. Es ist ein City-Builder, bei dem die Spieler ein Stück Land kaufen und dann eine Zivilisation aufbauen können, die Mineralien abbauen kann.

Wenn Sie Illuvium: Zero kostenlos spielen, sind diese Ressourcen an das Illuvium: Zero gebunden und können nicht anderweitig verwendet werden. Wenn du das Spiel jedoch gekauft hast, können die Ressourcen, die du abbaust, in das Hauptspiel übertragen und als Treibstoff verwendet werden, um dir bei der Jagd auf Illuvials im Hauptmodus des Spiels zu helfen. Außerdem können Sie Illuvials scannen, die sich auf Ihrem Grundstück herumtreiben, und die gesammelten Informationen nutzen, um Häute herzustellen, die als Blaupausen-NFTs verkauft werden können.

Auf dem Papier scheint Illuvium eine vielversprechende Perspektive zu sein. Was die sammelbaren Illuvials angeht, so gibt es einen klaren Fortschritts- und Seltenheitsbaum und einen klaren Plan für eine sich entwickelnde Wirtschaft. Die Kombination aus 3D-Erkundung und Auto-Battler-Kampf dürfte in der Unreal Engine 4 besonders effektiv sein.

Allerdings verfügt das Team nur über sehr wenig Erfahrung in der Spieleentwicklung, und es gibt keine ernstzunehmenden Gameplay-Aufnahmen, die das vorgeschlagene Know-how untermauern.

Wie immer gilt: Investieren Sie mit Bedacht, denn dies ist keine Finanzberatung.

5. $UFO

WAS IST UFO-Token? Der Social Gaming Coin UFO Gaming ist dezentralisiert und kann auf jeder Plattform verwendet werden. P2E (Play to Earn) Metaverse, Virtual Land, NFT, Gaming, und IDO Launchpad.
Der $UFO-Token wird für alle $UFO-bezogenen Aktivitäten benötigt. Er ist für jede Interaktion mit dem Ökosystem erforderlich.

Der Token kann auf drei Arten verwendet werden: $UFO, UAP und Plasmapunkte.

Wenn Sie $UFO oder $UFO-ETH im Cosmos einsetzen, erhalten Sie Plasmapunkte, die in UFOep eingelöst werden können.

Unser erstes Spiel, 'Super Galactic', benötigt Origin UFOep, um zu laufen.

- UAP wird benötigt, um NFTs im Spiel zu kaufen, zu handeln und zu fusionieren (zu züchten). Die einzige Möglichkeit, diesen Gegenstand zu erhalten, ist das Spielen von Super Galactic.

Um Zugang zu einigen der am meisten erwarteten Spielprojekte zu erhalten, müssen Sie Ihre UFO-Token einsetzen oder Eigentum auf einem bestimmten Planeten erwerben.

Es gibt mehrere Ketten in unserem Dunklen Metaverse. Es werden mehrere Ketten verwendet werden. Die Spiele von UFO werden verschiedene Genres und Nischen abdecken und auf einigen der angesehensten Ketten starten.

Interoperabilität zwischen Spielen auf demselben Planeten. Am 30. Juni 2021 wurde UFO für den Handel verfügbar gemacht. Der Gesamtvorrat ist unbestimmt.

Münzen wie Bitcoin und Ethereum können mit Fiat-Geld an Krypto-Börsen erworben werden, nicht aber UFO. In diesem Kapitel zeigen wir Ihnen, wie Sie UFO kaufen können, indem Sie zunächst Ethereum an einer beliebigen Fiat-zu-Krypto-Börse kaufen und dann Ihr Geld an eine Börse überweisen, die mit dieser Währung handelt.

Zunächst müssen Sie eine der beliebtesten Kryptowährungen wie Ethereum (ETH) in die Hände bekommen.

Der zweite Schritt besteht darin, ETH mit einer anderen Währung als ETH zu kaufen.

Drittens: Übertragen Sie ETH auf eine Altcoin-Handelsplattform wie Bitfinex.

UFO kann an verschiedenen börsennotierten Börsen gehandelt werden, besuchen Sie also jede dieser Börsen und melden Sie sich für ein Konto an.

Nachfolgend finden Sie einige Beispiele von Börsen, die derzeit das UFO-Token besitzen, während Sie dieses Buch schreiben.

- Tor.io
- MeXC
- Coinbase
- Binance
- 1-Inch
- ShibaSwap
- Uniswap zwischen UFO und WETH (V2)
- UFO/WETH

Zusätzlich zu den oben genannten Börsen gibt es mehrere bekannte Kryptowährungsbörsen mit einer großen Nutzerbasis und einem hohen täglichen Handelsvolumen. Daher können Sie Ihre Münzen verkaufen, wann immer Sie wollen und zu einem geringeren Preis. Wenn UFO an einer dieser Börsen notiert ist, wird ein beträchtliches Handelsvolumen von seinen Kunden generiert, was Ihnen ausgezeichnete Handelschancen bietet!

Binance

Binance wurde in China, einer bekannten Kryptowährungsbörse, gegründet, zog aber später nach Malta um, einer kryptofreundlichen EU-Insel. Die Krypto-to-Krypto-Austauschdienste von Binance sind bekannt. Nachdem Binance während des Krypto-Rummels 2017 auf den Plan getreten ist, ist es zur weltweit beliebtesten Kryptowährungsbörse geworden. Binance akzeptiert keine US-Investoren.

Tor.io

Gate.io ist eine 2017 gegründete Kryptowährungsbörse mit Sitz in den Vereinigten Staaten. Wenn Sie ein US-Investor sind, können Sie an dieser Börse handeln, da sie in den Vereinigten Staaten ansässig ist. Sowohl die englische als auch die chinesische Version der Konversation sind zugänglich (letztere ist sehr hilfreich für chinesische Investoren). Die große Auswahl an Handelspaaren bei

Gate.io ist ein wichtiges Verkaufsargument. Die meisten der neuesten Kryptowährungen sind hier verfügbar. Auch das Handelsvolumen auf Gate.io ist beeindruckend. Es gehört zu den Top 20 der aktivsten Börsen in Bezug auf das Handelsvolumen fast jeden Tag. Das tägliche Handelsvolumen liegt bei etwa 100 Millionen Dollar. Die beliebtesten Handelspaare auf Gate.io beinhalten oft USDT (Tether) als Komponente. Die enorme Anzahl an Handelspaaren und die herausragende Liquidität sind zwei der auffälligsten Merkmale dieser Börse.

Wie man $UFO speichert

Die Speicherung von UFOs in Hardware-Wallets ist der letzte Schritt.

Obwohl Binance eine der sichersten Kryptowährungsbörsen ist, kam es zu Hackerangriffen und gestohlenen Vermögenswerten. Wenn Sie beabsichtigen, Ihr UFO für eine lange Zeit aufzubewahren, sollten Sie sich überlegen, es zu schützen. Aufgrund der Art des Austauschs werden die Wallets, die wir als "Hot Wallets" bezeichnen, ständig online sein, was viele Risiken birgt. Die bei weitem sicherste Methode zur Aufbewahrung Ihrer Münzen ist die Verwendung von "Cold Wallets", die den Zugriff auf die Blockchain nur dann zulassen (oder einfach "online gehen"), wenn Sie Geld senden. Dadurch wird die Wahrscheinlichkeit eines Hackerangriffs verringert. Eine offline erstellte Kombination aus öffentlichen und privaten Adressen, die als

"Paper Wallet" bekannt ist, ist eine kostenlose Cold Wallet. Sie können sie irgendwo aufschreiben und sicher aufbewahren. Sie ist jedoch keine langfristige Lösung und ist anfällig für verschiedene Gefahren.

Die Hardware-Wallets sind in diesem Szenario den kalten Wallets überlegen. Ein USB-fähiges Gerät wird häufig verwendet, um die wichtigsten Informationen Ihrer Brieftasche dauerhaft zu speichern. Sie verfügen über eine eingebaute militärische Sicherheit und ihre Software wird regelmäßig von den Herstellern der Geräte aktualisiert, um ihre Sicherheit zu gewährleisten. Die beliebtesten Alternativen in dieser Kategorie sind die Ledger Nano S und Ledger Nano X, die je nach Funktionsumfang zwischen 50 und 100 US-Dollar kosten. Unserer Meinung nach sind diese Wallets eine sinnvolle Anschaffung, wenn Sie Ihr Geld sicher aufbewahren möchten.

Ist UFO eine gute Investition?

Die Marktkapitalisierung von UFO gilt noch als winzig, was bedeutet, dass der Kurs von UFO recht volatil sein kann, wenn sich der Markt stark bewegt, da er in den letzten drei Monaten um 949,67 Prozent gestiegen ist. Wenn UFO weiterhin stetig wächst, wird es wahrscheinlich in Kürze einige bedeutende Anstiege erleben. Der Schlüssel zum erfolgreichen Handel liegt darin, nie das große Ganze aus den Augen zu verlieren.

Denken Sie daran, dass dies keine Finanzberatung ist.

Anleger in Kryptowährungen sollten ihre Sorgfaltspflicht erfüllen und äußerst vorsichtig sein.

Fazit

Das Metaverse ist nach wie vor ein völlig neues Konzept für die Technologie und den Rest der Welt. Viele Regulierungsbehörden, Innovatoren und Händler sind dabei, das Metaverse zu verstehen und ihre Waren dort anzubieten. Während es noch sehr unklar ist, wo die Überlegungen und Störungen des Metaverses enden könnten, ist eines klar: Das Metaverse ist da, um zu bleiben.

Die Frage, die man sich stellen muss, lautet: Sind Sie bereit, auf den Zug aufzuspringen?

© 2022, John Russel

Herstellung und Verlag: BoD – Books on Demand, Norderstedt

ISBN: 9783754333983